应用生态
教你打造微信
小程序爆款

李伟光 ◎著

中国铁道出版社
CHINA RAILWAY PUBLISHING HOUSE

前　言

　　互联网时代的创业已经发展到一个成熟的阶段，市场和场景的饱和，致使许多创业者面临着越来越多的难题，创业的成本在不断加大，产品的推广也成为一大难题。腾讯在 2017 年 1 月正式上线了微信小程序这一新的平台，这一以"轻应用"定位的新生事物，带给许多创业者一个新的创业途径，但是在这一新生事物面前，很多人必然会存在着许多疑惑。

　　为了使想做小程序的人能够对小程序有一个全面的了解，《应用生态：教你打造微信小程序爆款》一书为大家做了详细的介绍。本书内容分为认识篇和实战篇，对小程序的基础知识包括产生的基础、特征、使用场景等方面进行了详细的介绍，并与 APP 进行对比，让大家对小程序有一个更清楚的了解。

　　在实战篇中对如何做一款小程序做了具体的论述，包括如何寻找资源、如何进行产品定位、注册开发的具体流程、后期推广的具体方式等，还介绍了利用小程序盈利的各种模式。可以说，能够让大家对小程序从开发到推广、盈利整个流程有一个具体的了解。

　　想要从事小程序创业的人员，可以通过这本书对小程序有一个更深的了解。广大创业者还可以通过这本书掌握具体的注册开发流程、开发方向、注意事项和推广方式，正在进行开发的人员还可以通过这本书来弥补自己开发中的不足之处，提高对小程序的开发、推广、运营能力，从而帮助广大的创业者打造一个爆款小程序。

本书内容及体系结构

第 1 章至第 5 章　微信小程序基础知识介绍

创业者虽然对小程序有一定的了解，但总体来说，还是缺乏全方位的了解。这几章内容从认识小程序着手，具体讲述了小程序的一些基础知识，包括小程序产生于微信这个大平台，有着比较好的后台支持，还有小程序产生的条件，小程序的各种特征等。

除此之外，还帮助读者分析了小程序的开发场景如何，让读者对小程序的开发方向更加明确。通过把小程序和 APP、H5 进行对比，还能够让读者对小程序有一个更加全面的了解。

第 6 章至第 10 章　如何具体开发出一款小程序

开发出一款微信小程序需要衡量各方面的因素和做各方面的准备，这几章内容就是给创业者提供一定的理论指导。包括在开发小程序之前，对如何寻找投资人、合伙人给出了一定的指导意见，并且告诉创业者如何更好地定位小程序，找准用户的痛点，并且向创业者展示了具体注册开发出一款小程序的流程。对于小程序可能会产生的红利也进行了几个方面的介绍。

第 11 章至第 12 章　小程序的推广模式和盈利模式

小程序在开发出来后，只完成了第一步，产品到达用户还需要经过宣传推广。这两章内容讲述了微信小程序从付费广告、自媒体、口碑等多种渠道推广的办法，并介绍了小程序在推广时应该注意的事项。

小程序的诞生能够给个人、组织或企业带来盈利。具体的盈利模式各有不同，主要包括小程序项目的盈利模式、小程序生成平台的盈利模式和小程序开发者服务盈利模式。这些内容能够让读者对小程序的后期推广和盈利有一个更清楚的认识。

本书特色

1. 内容全面、详略得当

本书涵盖了微信小程序的各个方面的内容，包括小程序的产生基础、基本特征、如何开发、如何推广、如何盈利等方面，内容全面。对于开发小程序当中的各个方面，根据重要程度进行了不同的介绍，详略得当，能够让读者对重点有一个更清楚的把握。

2. 案例较多，有利于读者理解理论内容

本书加入了大量的案例分析，通过案例分析，对一些专业性比较强的内容和难理解的内容，有一个更加清楚简单的介绍，便于读者阅读吸收并进行更深入的了解。

3. 衔接到位，帮助读者学以致用

本书在介绍的过程中，配合了大量的使用场景，将一些经典的案例和生活中的场景结合起来，做到理论与实际的衔接到位，读者在阅读的时候能够更轻松地进行联想，并且在不知不觉中学以致用。

4. 具有很强的实战性

本书分为上、下两篇，其中下篇实战篇就是从实际出发来向读者介绍小程序。通过这部分内容，读者能够掌握如何具体注册开发一款小程序，如何进行更好地推广，这些内容对于投身于小程序创业者来说意义重大。

本书读者对象

· 互联网创业者
· 想要开发小程序的组织、企业
· 程序员
· 电商、工具类 APP 开发者
· 微信公众号转型者

目录 | CONTENTS

实战篇 做一款小程序爆品

第9章　针对用户痛点做产品 ·················· **155**

认识篇

微信小程序基础知识

第 1 章

微信平台之大，足以撑起一个小程序

1.1　微信超越 QQ 领跑社交平台

微信和 QQ 都是腾讯旗下的社交产品，同时也是国内最成功的社交平台。它们作为国内社交市场的"领头羊"，将继续领跑国内的社交市场，而且与其他移动社交应用的差距也在逐渐拉大。同时，微信与 QQ 在移动社交生态层面上的竞争从未停止过，两者在各层面的竞争也越发激烈。图 1-1 是艾媒北极星系统统计数据。

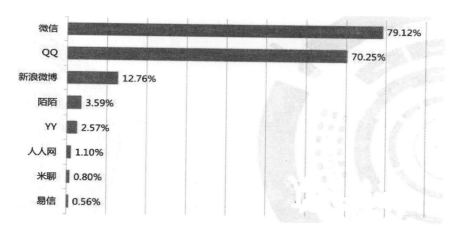

图 1-1　2016 年 2 月中国移动社交活跃用户分布

从图 1-1 数据可见，微信已经超越 QQ 领跑社交平台。微信的发展可谓是非常迅速的，早在 1999 年，腾讯就已经推出 QQ，而微信则在 2011年才正式上线，微信之所以以迅雷不及掩耳之势成功问鼎社交市场，很大原因在于微信团队对用户的了解，以及服务提供方面。微信此次推出小程序的原因也在于此。

小程序的前身是"应用号"，它是张小龙在 2016 年微信公开课上提出的。

"应用号"提出之后，大家对它就充满了期待。正当大家都在对"应用号"有诸多猜测之时，微信于 2016 年 9 月 21 日推出了"小程序"，当晚，张小龙关于"小程序"的评论也瞬间刷爆了朋友圈。

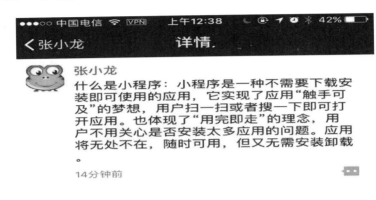

图 1-2 张小龙朋友圈截图

"小程序"自现身之后，便受到了万众瞩目。小程序为何受到大家如此的关注呢？除了小程序"用完即走"、"无须下载"等自身特色以外，还在于小程序背后的强大靠山——微信。微信作为一个超强的头部 APP，其强大的流量优势，让很多平台都羡慕不已。而且微信这些优势也足够撑起小程序这个新的应用形式。

1.1.1 月活跃用户超 8 亿，大半个中国都在用微信

2016 年 11 月 18 日，"微信之父"张小龙在朋友圈发表了一条说说就引爆了朋友圈，这条说说的内容是"程序猿的一小步，程序的一大步"，并配出一张装满软件的手机的图片。这满屏的软件并不是一个个单独的 APP，而是张小龙之前就提过的小程序。小程序是基于微信用户数量庞大、使用频繁等优势下提出的，这些优势能帮助小程序为大家带来"千亿级"市场。

微信一直想做"一个提供服务的平台"，虽然微信推出了服务号，但它并没有达到微信最开始的要求，服务号提供给商业对象的更多的并不是

服务，而是信息传播。鉴于此，张小龙准备开发一种新的形态。张小龙自从有了"应用号"这个想法之后，他便以破竹之势推出了小程序。小程序的诞生是为了解决用户的服务诉求，让更多的 APP 以一种更轻量的形态存在于微信。

每个新产品的诞生都是在一定的背景下产生的，而微信的诞生也是有着特殊背景的。2010 年 10 月的一天晚上，张小龙发现一款 APP——Kik，这个刚上线 15 天就斩获 100 万用户的 APP 给他带来巨大的危机感，他意识到这款软件很有可能会对 QQ 造成致命的威胁。于是张小龙连夜写了一封邮件给马化腾，马化腾给出的答复是"马上就做"。截止到 2011 年 1 月，短短三个月的时间，微信就此诞生。六年后的今天，微信凭借自身特性早已席卷了全国甚至全球，飞速地朝着帝国大道前进。

据友盟数据统计，2014 年 1 月中旬以来，微信的整体用户登录数和分享数量都已经超过了 QQ，成为一个十分活跃的社交平台。到目前为止，微信月活跃用户已经超过 8 亿，可以说有大半个中国都在使用微信。国内不少开发者认为，微信作为一个新的社交平台，在数据上以及重要性上已经超越了 QQ。

与许多社交软件不同的是，微信可谓是"老少通吃"。在之前很多新型的软件都只能俘获年轻人，以"80 后"、"90 后"居多，许多老年人对这些新事物都是敬而远之。但是微信的诞生却打破了这种局面，虽然主力军依然是"80 后"、"90 后"，但是老年人也成为其中不可忽略的一个群体，而这个群体到目前为止仍有巨大的潜力。不可忽视的是，在微信运动中，老年人的活跃程度非常大，甚至平均每人每天的步行数超过了"80 后"；而在红包上，活跃程度超过"95 后"，每月平均发送 25 次红包。连老年人都乐于接受微信这个新事物，那么微信的飞速发展也就不足为奇。

至于微信为什么能够在短短几年之内就斩获 8 亿用户，究其原因完全是由于微信符合中国国情，并且满足了用户的需求。微信以"用户最核心的需求"和"随时随地沟通"为核心开发相应功能和其他功能。设备虽然很小，但是能发挥巨大的作用，如一个小小的二维码就可以发挥付款、添加好友、入群的功能。

微信 2.0 版本就具有了语音功能，这一功能一经使用马上得到用户的喜爱，从原来的 500 万用户激增到 1 500 万，归根结底就在于微信的语音功能耗费流量非常少，几个小时的语音只需要几兆的流量，这为用户节省了不少的流量。而且语音功能不要用户手动打字，也不需要打电话花钱，更加速了朋友之间的聊天进度。虽然当时 QQ 也具备了这个功能，但是由于属于二级菜单，每次使用很不方便，因此传播效果并没有微信好。此后，微信又增加了免费电话、微信视频等功能，可以说是颠覆了之前的通讯方式。

微信在利用绑定 QQ 用户获得种子用户后，在微信 2.3 版本开始支持用手机号注册，并且支持读取手机号，而手机联络人就可以迅速成为微信好友。这一功能直接促成许多用户把微信当成交流工作的一个重要渠道，尤其是群聊功能，更是扩大了用户的办公用途。微信从之前单纯地用来休闲娱乐，又成功转变为工作交流工具。

微信 3.0 版本推出了摇一摇，用户可以通过这一功能搜索到远在千里之外的用户，摇到的地点、人物都是未知的，这种之前从未有过的新事物在刚推出就受到了用户的追捧，据当时的统计，这个功能的日启动量超过了一亿。使用这一功能，不仅可以添加陌生的好友，更能够体验那种未知的刺激。

微信 4.0 版本可谓是有一个突破，这个版本推出了朋友圈，微信的用户又实现了一大激增，在短短 10 个月的时间里，用户数量就从 1 个亿增长到 3 个亿。朋友圈功能和微博相似，但不同的是微博上都是一些"大 V"比较有话语权，而朋友圈则缩小了这种差距，每个人在朋友圈中都是"大 V"。而由于微信的好友通常也是生活中的熟悉的人，所以在朋友圈就可以看到熟悉的人最近的动态。

微信公众号功能加大了陌生人之间的交流，也给许多"草根"提供了机会；微信的游戏功能不同于 QQ 的游戏中心，用游戏排行榜强化了朋友之间的沟通，并且给微信支付打下了基础。

微信红包则是对中国传统上的红包的发展，并且在一定程度上推广了微信支付，至此微信推出了许多的消费和支付功能，如首付款、手机充值、转账和生活缴费等，这个时候的微信就已经是一个全面渗透到用户生活中的社交软件了，让大半个中国都在使用它，还有什么奇怪的呢？

微信如今已经逐渐向成熟的方向发展，具有种类繁多的功能，而庞大的用户数量和活跃的用户群使它具有独特的优势，这个时候小程序的诞生就是为了进一步发展和完善微信，从而更好地为用户服务。

1.1.2　50% 的用户日均使用时间超过 1 个小时

微信自诞生以来不仅在数量上囊括了超过 8 亿的用户，更成为用户生活中不可或缺的一部分。在企鹅智酷发布的《微信数据化报告》中的数据统计，有 90% 的用户每天都会使用微信，其中企业职员占据了 8 亿用户中的四成，而 50% 的用户每天使用微信的时间超过了一个小时。

半数的用户对微信的使用时间超过了一个小时，可以看出微信用户对它的依赖，但是微信作为一款囊括各方面功能的软件，很显然有更大的野心。小程序这个"用完即走"、"无须下载"的平台就是为了进一步的留住用户在微信里的时间，也使得微信进一步的完善和成熟。

随着时代的发展，人将会变得越来越"懒"，微信的语音功能正是抓住了这一特点，变传统的用输入法打字的聊天方式为直接语音，即使远在万里，隔着屏幕仍能够实现面对面的交流。老年人也不再畏惧上网聊天，简单的操作方式使他们乐于接受这个新事物，因此老年人的语音功能使用率最高。

一款社交软件能够帮助人们学习和健身吗？微信给出的回答是当然可以。微信中的公众号功能就是一个学习的途径，微信庞大的用户数量使许多人看到了商机，还包括一些企业，于是公众号便有了各种方面的内容，而且还可以在这里找到一群志同道合的人。如果是想要阅读，那么用户就可以关注一些关于阅读方面的公众号，微信规定公众号每天只能发布一次，可想而知这样一来发出的质量有多高。

微信作为一款社交型传播媒介，与其他媒介最大的不同应该是它的全民参与性。它将你身边的朋友都集在一起，通过朋友圈就可以随时随地知道自己所牵挂的人做了些什么，即使是已经为人父、为人母的长辈们，也可以借助这个平台在忙碌的生活中与多年的好友保持联系。

"微信，是一种生活方式"，这是微信下载界面上的一句话，如今可以说微信完全成为人们生活当中不可或缺的一部分，也改变了人们的生活方式。一款小小的应用竟能够集聊天、娱乐、学习、经商、消费、运动等方面为一体，完全可以服务到用户的各个方面，因此它便有了高使用率和高使用频度，创造出半数的用户日均使用时间超过一个小时的神话。

在如今，微信仍在成长，而凭借着微信的巨大潜力可以预知，超 8 亿的用户使用微信，50% 的用户日均使用时间超过 1 个小时，这都不是终点，微信在小程序这一新的应用形态下，很可能会在未来创造出更大的神话。

1.1.3 构建基于 QQ 的强关系链

微信和 QQ 都是腾讯公司研发出的产品，QQ 的诞生要早于微信，但微信如今已经超越了 QQ 的发展。微信和 QQ 在如今最大的不同应当属关系链方面，不同于 QQ 网络化的关系链，微信把手机里的通讯关系链和互联网关系链结合在了一起，形成了丰富而真实的关系链。但在早期看来，QQ 和微信两款软件之间并没有太大的区别，甚至微信最初导入的关系链就是 QQ 上的关系。

微信在早期和 QQ 有很多相似点，朋友圈和 QQ 空间一样都支持发表心情状态或者是个人文章，而且微信也可以通过增加好友丰富自己的社交圈，在聊天的时候二者也都支持纯文字的消息或者是发送语音。后期微信的语音通讯功能成为一大变革，也逐渐拉开了与 QQ 的差距，微信才逐渐走上属于自己的发展道路。

微信的诞生应该说是"含着金钥匙"，因为这一时期腾讯公司的 QQ 已经处于成熟阶段，QQ 拥有着庞大的用户，这一用户以"80 后"、"90 后"为主。在这个阶段推出的微信就绑定了 QQ，可以通过 QQ 好友获取一定的用户，微信就是靠着 QQ 的关系链获得了种子用户。此后推出的摇一摇功能在一定程度上也扩大了微信用户来源。

微信在不断的升级中首次提出手机号注册账号，这一途径使微信用户趋于真实性。而这一功能推出以后，马上就有了相应的读取用户手机通讯录等要求，只要打开"向我推荐通讯录朋友"，点击"查看手机通讯录"，如图 1–3 所示，用户在微信里就可以知道通讯录里的好友有谁同样在使用微信，而且可以直接加通讯录里的联系人为好友或者是邀请好友使用微信。

从 QQ 到微信，腾讯公司一直都在向未知的世界进行探索，"我们对未来充满了未知，但我们仍然很有激情、有兴趣去探索。我觉得它的美好之处在于它的未知，这个行业是蓬勃发展的行业，很多人都有机会一起上这条船"，马化腾如是说，这也可能就是腾讯公司制造了一个又一个辉煌的原因。

如今，微信的强社交关系链越来越明显，据企鹅智库发布的 2016 版《微信数据化报告》显示，90% 以上的微信用户每天都会使用微信，半数用户每天使用微信的时间超过 1 小时, 50% 以上的微信用户拥有超过 100 位好友；拥有 200 位以上好友的微信用户比往年翻番；拥有 50 位以下好友的用户比例降低了 16%。可见，微信的强社交用户增长明显。基于微信这种强社交关系链，小程序的推广会变得更容易，比如，小程序用户可通过向好友或微信群分享，获得更多人的关注。

图 1-3　微信读取手机通讯录功能

1.2　微信构建移动生态闭环

中国电子商务研究中心主任曹磊在接受《法人》记者采访时表示："3年红包大战后，预示着微信红包在用户活跃度、发放频率、红包转账金额、市场规模均已达到腾讯内部预期的战略目标，以微信支付为核心的微信移动生活场景生态圈，已初步形成'闭环效应'"。

正如曹磊所说，微信推出微信钱包，并利用移动支付将大众点评、滴滴打车进行穿引，形成线上线下联动的 O2O（Online To Offline，即线上到线下）产业闭环，而腾讯的 O2O 业务也被并入微信事业群，使微信又成为 O2O 的温床。

单从微信方面来看，二维码和地图 +LBS 可以作为入口进入，而微信钱包则可以使微信生态封闭起来。用户通过微信进行消费和享受生活服务，收付款更加方便，这是对微信原有的通讯功能的提升，也形成了生态化的交易闭环。

1.2.1 两大入口：二维码和地图 +LBS

自 2013 年以来，O2O 实现了本地化及移动设备的整合极其完善，进入了商业化的高速发展阶段，于是 O2O 商业模式就此诞生。但是 O2O 行业存在着一个普遍的困境，那就是 O2O 把用户引到线下之后就失去了对流程的控制，对于达成什么效果就不得而知。

举一个具体的例子，比如外卖网给用户在网上提供订餐，然而订餐网会通过电话或者手机短信的方式向餐厅推送订单，但是这个时候的真实订单数就让订餐网和餐厅难以达成共识，如果订餐平台想要和餐厅进行分成，就会有一定的困难。而这个时候使 O2O 走出困境的关键就在于闭环，闭环使得 O2O 的整个流程封闭起来，从线上到线下，然后再返回到线上去，这样一来每一单的交易都会返还到平台上，这些记录能够挖掘 O2O 平台更大价值。

对于腾讯来说，他们的 "移动社交帝国" 不仅在人与人之间，而是要凭借着庞大的用户数量以及各种功能，形成 O2O 的生态闭环，以微信这个开放的平台为基础，打造一个完整而丰富的移动生态圈。

二维码和地图 +LBS（Location Based Service，即基于移动位置服务）是微信进入移动生态圈的两大入口，这对于加强线上线下的联系，巩固微信 O2O 生态圈成为不可缺少的部分。

1. 二维码

关于二维码，腾讯 CEO 马化腾这样说："二维码本身不具备完全独立的产业，但它们是产业必须具备的基础能力，未来二维码也将成为移动互联网的重要入口"。而微信也是率先进军二维码行业，使得二维码取得了飞速的发展。

一位业内人士评论说："二维码产业链涉及方面非常之广，基本包括商家，二维码整体解决方案提供商（服务提供商）、解码软件开发商（硬件制造商）、识读设备提供商、增值服务提供商、移动运营商、移动终端提供商以及最终用户，应该说从商家到用户，不仅有二维码相关软、硬件提供商，也会包括很多的增值服务提供商。"的确如此，从简单的扫描商品了解基本信息，再到收付款，作为个性化名片，二维码带动的是很多行业的发展。而由于微信的这一快人一步的举动，使得用户一想起二维码就联想到微信，这两者被紧紧地联系在了一起。

不仅如此，二维码对小程序的应用也是举足轻重。刚推出的小程序用腾讯张小龙的话说就是没有入口，它和公众号相似，没有订阅公众号就不会有推荐和入口。如果没有运行过小程序在微信里是找不到小程序的，用户想要接触到小程序只有分享、线下扫码以及搜索三种方式，而张小龙更推崇用户用"扫二维码"来启动小程序，这样线下就成为待开发的场景。

2. 地图 +LBS

大家在使用一些团购软件的时候通常会有这样的体会，如打开美团，点开商品主页面后就会看到一个小型的地图，如图 1-4 所示。这个地图其实就是启用了地图 LBS 数据，主要的功能就是为了给这个商家进行地理定位，方便用户的查找。

商家位置

图 1-4　美团的商家位置

不仅仅是团购软件需要 LBS 数据，外卖网站对于地理位置的需求也是必不可少，像是饿了么、美团外卖等外卖软件也需要清楚商家的位置，这样在点餐的时候就能够进行筛选，这一点对于追求速度的外卖来说更是至关重要。

腾讯有自己的 LBS 开发平台，可以给用户提供地理位置的数据，微信曾推出的"微信路况"就是集语音导航以及未来将增加的路况吐槽功能为一体，使微信成为一个更加开放的运营模式。还有微信上用户的地理位置的显示，都是基于 LBS 这一强大功能的。

1.2.2　支付链条：微信钱包

微信进入移动生态圈的两大入口是二维码和地图 +LBS，但是使微信的生态圈封闭起来的就是微信钱包。用户通过微信进行消费的时候，可以实现快速付款，这个功能突破了通讯这个基础功能，使微信形成一个圆满的交易闭环。

对于微信支付的定义，马化腾这样说："只需将微信账户绑定银行卡，就可以在微信内公众号、APP 以及身边随时可见的二维码，简便、快捷地完成付款，从而为商业场景在手机中的闭环提供一种全新的解决方案"。微信钱包通过绑定银行卡可以实现支付款，使得线下消费又返回到了线上。

现如今微信钱包已经成为许多用户日常生活中必不可缺的一部分，除了付款和转账之外，还有其他的功能。比如打开微信钱包选择"城市服务"中的"医院挂号"，填写一些预约内容，就可以省掉排队交钱这件事情。而微信钱包里的生活缴费这一部分已经从最基础的水电煤延伸到了话费、违章等各个方面，在手机上就能完成生活中的各种金钱交易。微信钱包里最逆天的还有一个"自助港澳签证申请和续签"服务，填好资料，完成付款后，就可以坐等快递上门收取通行证。微信钱包还在不断地增长其他的业务，这一举措将加深用户对微信的依赖程度。

微信以"生态"作为战略目标，这就导致了它必须采取开放的战略，借助庞大的用户作为基础就可以和应用场景的 APP 进行合作，这样一来，O2O 成为必不可少的一个环节。几个月前，腾讯与美团点评进行紧密合作，在微信里开辟美团外卖的新入口，正是加大 O2O 布局速度的一个强烈的信号。

微信钱包不仅给用户带来巨大的便捷，还使得与微信合作的商家得到切切实实的利益。微信的合作商家大众点评产品及运营副总裁姜跃平这样表示，从微信上带来的交易额在大众点评上增长了 7 倍，而使用微信支付的用户也增长了 5 倍。自从微信推出微信支付的功能，众多商家纷纷与微信合作，接入了微信支付。

这一行为应该说是一举三得，微信自身的发展不必多说，微信用户庞大的用户数量带给其他商家的利益也是显而易见的，而微信用户仅仅通过微信支付就可以快速、便捷地进行消费活动，也是给用户带来一定的方便之处。

难能可贵的是，微信在打破了第三方支付的传统方式后，融入了社交属性，在移动场景的基础上全新设计，使得它的优势变得更加明显，那就是简单、快捷。微信钱包使得数据从线下返回到线上，使整个移动支付系统封闭起来，保证了 O2O 功能的实现，是微信构建移动生态闭环的重要因素。

微信强大的支付链条对小程序来说也是必不可少的，毕竟小程序是连接人和服务的尝试。在小程序为用户提供服务的过程中，很多时候都少不了支付环节，毕竟有服务就会有相应的费用产生。比如，大家在使用"美团外卖+"小程序时，下订单之后，必须支付相应费用；大家通过摩拜单车小程序享受单车服务后，也必须通过小程序支付相应费用……如今，微信的支付体系越来越稳定，小程序支付在微信支付链条上会变得更简单、更稳定。

1.2.3 四大功能：移动支付、个人金融、生活服务、电子商务

微信构建的移动生态圈其实就是利用移动社交这个平台所产生的用户的集聚效应，把移动支付、个人金融、生活服务、电子商务等多种功能聚合起来，再利用支付链条把线上线下封闭起来。移动支付、个人金融、生活服务、电子商务在其中扮演的角色越来越重要，对人类生活的影响也越来越明显。

1. 移动支付

如今在中国，移动支付以其便利性和简洁性渗透到了人们生活中的各个方面，甚至可以说是完全改变了人们的生活习惯。据一些专业人士的研究，在 2015 年中国移动支付的交易额就已经达到了 10 万亿元人民币，而 2017 年预计将会提升到更高的水平，可能会达到 22 万亿元人民币。

除支付宝外，微信也在移动支付中占据一席之地，如今微信凭借着不断增长的品牌影响力，希望同样获得中国移动支付的海外企业的选择，并且希望扩大海外影响力。微信与泰国银行、澳大利亚合作开展金融科技服

务正是这一愿望的努力成果，一旦打开海外市场，那么移动支付将促进全球的经济交流。

2. 个人金融

传统的金融服务都是商业银行利用金融方面的知识，依据技术和客户需求，来为客户提供全方位的金融服务，利用储蓄、银行卡、支票等工具帮助客户进行理财，从而帮助个人实现金融上的理想和目标。但是如今互联网的发展使得个人完全具备掌控金融的能力，有许多平台可以为用户提供个人金融的功能，依靠手机随时随地就可以对自己的金融进行管理。

3. 生活服务

如果说移动支付和个人金融为改变人们的生活提供了基础和条件，那么生活服务就是让人们生活发生改变一个最直接的平台。在生活服务中，有许多便捷的服务，生活中的各种消费或缴费活动包含其中。无论何时何地，用户都可以在生活服务中解决奔波的烦恼。

4. 电子商务

电子商务又是互联网发展的一大见证，它以信息网络技术为手段进行的商品交换活动，是对传统商业活动的颠覆，使传统商业电子化、网络化和信息化。基于微信平台的电子商务模式，微商曾风光一时，而如今微信的公众号已成为许多商家下一个努力的方向。如今品牌竞争力已经越来越激烈，微信这个拥有庞大用户数量的平台其实已经为电商的发展提供了良好的基础。

移动支付、个人金融、生活服务、电子商务不仅是移动生态圈的四个重要功能，也是推广小程序的重要基础，小程序的诞生与这四个方面紧密相连。移动支付和个人金融为小程序提供开启的钥匙，而小程序的作用对于普通用户来说也是进一步丰富生活服务，这样一来紧密的相互联系，促使微信成为一个这样的平台——使线上商品变为线下，然后又促使线下的结果反馈到线上，实现一个完整的移动生态圈。

1.3　开放的微信平台

微信公众平台从原来的"官号平台"和"媒体平台"最终定位为"公众平台"，可以看得出微信对这一平台的观念。在平台发展初期，微信已经拥有亿级别的用户数量，在这一时期充分挖掘用户的价值，为这个平台提供更加优质的内容，创造一个黏性，才能形成一个生态循环。

在小程序推出之前，微信公众平台有订阅号、服务号和企业号3种类型，关于订阅号、服务号的具体内容将会在本书的2.1中做具体介绍。

利用公众账号在微信平台上进行自媒体行动，其实就是一对多的媒体性活动，如商家可以通过申请公众微信服务号来展示商家的各方面内容，如今已经形成一种线上线下微信互动营销的开放平台。

小程序的推出其实就是赋予开发者更多的能力，它不是自己涉足各种各样的功能对开发者造成威胁，而是通过搭建一个平台，为第三方提供机会，为用户提供便利。

1.3.1　开放九大高级接口

微信公众平台是用来管理或者是开放微信公众号，其中微信公众号里包括订阅号、服务号、企业号，它其实就是微信公众号的一个管理系统，在后台对公众号进行运营和管理。它具有基础运营和高级运营、微信支付、管理和推广等方面的具体功能。可以看得出这是一个非常开放的平台，微信通过向服务号开放认证，开放了9大高级接口，又进一步对微信平台的管理后台进行了改善。

这 9 大高级接口分别是语音识别接口、客服接口、OAuth 2.0 网页授权接口、生成带参数的二维码接口、获取用户地理位置接口、获取用户基本信息接口、获取关注者列表接口、用户分组接口、上传下载多媒体文件接口。

1. 语音识别接口

语音识别接口就是用语音识别作为接口，把用户发送出来的语音，可以转换成文字内容，这个技术是由"模式识别中心"团队开发的。这个技术不仅可以给普通用户带来全新的体验，也可以使第三方自由调动这种语音识别技术。

2. 客服接口

客服接口加强了公众号与用户之间的联系，通过这个接口，用户如果给公众号发送消息，那么在 24 小时之内，都可以向用户进行回复。在之前公众号有一个致命的弱点，那就是被动，只有用户主动给公众号发送消息，他们才能与用户进行沟通。但是这个技术就加大了公众号的活跃程度，只要用户和公众账号交流过一次，公众账号就可以在 24 小时之内主动和用户进行交流。

3.OAuth 2.0 网页授权接口

OAuth 2.0 网页授权这个接口可以使公众号主动请求用户进行授权，这一点类似于微博的账号授权功能，这也就表示了微信账号由此成为一个账号系统。

4. 生成带参数的二维码接口

通过生成带参数的二维码这个接口，公众号就会具有许多不同的二维码，用户通过扫描关注了公众号后，公众号就可以对二维码的效果进行分析。简单来说就是可以使公众号获得用户关注，并且对这个用户进行分析。微信的这一接口在小程序开发中的使用频率会非常高，毕竟微信倡导的小程序入口就是线下扫描二维码，几乎每一个小程序在开发中都会使用到这个接口。

5. 获取用户地理位置接口

通过获取用户地理位置这个接口，公众号就能够获得用户在进入公众号会话时的地理位置。有以下两种情况可以获得用户的地理位置，一是当用户与公众账号进行对话时，二是在会话界面的"每隔 5 秒"的情况下，这样的接口能为微信导航或者是提供地理围栏方面的服务。

6. 获取用户基本信息接口

通过获取用户基本信息，公众号就能够突破加密，对用户头像、名称、性别、地区等各方面的基本信息进行了解。这样的一个接口可以使电子商家更好地管理用户。

7. 获取关注者列表接口

通过获取关注者列表这个接口，用户可以获取所有关注者的OpenID，在没有这个技术之前，用户不知道有多少人在关注着自己，都是谁关注着自己，而这个接口就可以满足用户这方面的好奇心。

8. 用户分组接口

通过用户分组接口，公众号就可以在后台对用户进行分组，或者是创建、修改分组，这一功能的实现其实是为了方便商家对用户的管理，这个时候 VIP 会员的特点就会更加突出，就会方便商家对于普通用户和 VIP 的分类管理。

9. 上传下载多媒体文件接口

通过上传下载多媒体文件这个接口，公众号就可以在需要的时候在微信服务器上上传和下载多媒体文件。在之前就可以对音乐进行下载，但是现在又增添了图片和视频，这一接口的开放将进一步方便用户的使用体验。

微信开放的这九大接口，不仅会使用户产生良好的用户体验，还可以给微信上的商家提供更加便利的管理，一旦对商家的服务更加完善就会吸引更多商家的目光，而这正为小程序的开放打下坚实的基础，只有越来越多的商家愿意通过微信这个平台进行交易，才会实现小程序的完善。

微信为小程序开发提供了很多方面的支持，关于接口方面的支持，微信为小程序提供了丰富的微信原生 API，可以方便地调起微信提供的能力，比如，获取用户信息、本地存储、上传下载、获取二维码、多媒体、支付功能等。

1.3.2　小程序公测开放三大工具

2016 年 11 月 3 日晚，微信团队正式宣布微信小程序正式开放公测，而此次开放注册的范围主要是企业、政府、媒体等组织。如今，个人也可以注册微信小程序。注册方式也非常简单，只需要登录上微信公众平台按照注册步骤一一进行即可。其实，小程序的注册和普通用户的注册十分相似，都是包括名称、头像、介绍等方面，当然最主要的还是它的服务范围。不过，小程序开发前要对小程序信息以及开发信息进行完善。

小程序本次公测开放主要有以下七个方面的内容：

1.开发支持：提供一系列工具帮助开发者快速接入并完成小程序开发；

2.开放注册范围：企业、政府、媒体、其他组织；

3.开发文档：介绍小程序的开发框架、基础组件、API 及相关开发问题；

4.开发者工具：集成开发调试、代码编辑、小程序预览及发布等功能；

5.小程序体验 demo：可体验小程序组件及 API 功能，并提供调试功能供开发者使用；

6.设计指南：提出设计原则及规范，帮助建立友好、高效、一致的用户体验；

7.运营规范：介绍微信公众平台小程序的审核标准及运营规则。

在这七个方面中值得注意的是小程序公测开放的三大工具，分别是框架、组件、API，这三个工具对开发者来说提供了重要的技术支持。

小程序开发框架是为了让开发者简单高效地在微信中开发具有原生 APP 体验的服务，框架的核心是一个相应的数据绑定系统。整个系统分为两块视图层（View）和逻辑层（App Service）。框架可以提供视图层描述语言 WXML 和 WXSS，以及基于 JavaScript 的逻辑层框架，并在视图层与逻辑层间提供数据传输和事件系统，可以让开发者方便地聚焦于数据与逻辑上。此外，框架还为开发者提供一系列的基础组件，而开发者就可以利用这些基础组件进行快速开发。

组件是视图层的基本组成单位，它自带一些功能与微信风格的样式，一个组件通常包括开始的标签和结束的标签，属性就是来修饰这个组件，而内容就是在两个标签之内。微信的原生 API 是由框架提供，它可以非常方便地调起微信提供的能力，如获取用户信息、本地存储、支付功能等。

小程序作为一种全新的连接用户和服务之间的方式，在微信内可以非常便捷地传播，这一点非常吸引商户。而对于微信提供的框架、组件及 API 这三大功能，就会使其有更加出色的使用体验。

1.3.3　小米利用微信 API 接口构建用户管理系统

API 接口，其实就是微信系统留给应用程序的一个调用接口，应用程序通过调用微信系统的 API 而使微信系统去执行应用程序的一定命令或动作，由于互联网的日益普及，更多的站点就会将自身的资源开放给开发者来调用，API 调用就会使得每个站点之间的关联更加紧密，同时这些开放的平台就会为用户、开发者以及中小网站提供更大的利益。

小米利用微信 API 可谓是给其他企业做了一个成功的典范。自 2013 年 2 月起，小米就开始决定做微信运营。如果企业想要利用微信进行营销，那么一般来说都是一个不明智的选择，微信更适合做一个服务平台。小米就是利用微信开启微信服务，从组建团队开始，在不到一年的时间里，小米手机在微信上拥有的粉丝量就已经超过了 500 万，成为微信公众账号粉丝量最大的企业之一。

关注有礼、明星手机、自助服务是小米的微信服务里设置的三个导航标签，用户点击这三个导航中的任意一个，系统都会自动弹出具体的内容，比如关注有礼里面包括小米公司、小米手机、红米手机三个部分；明星手机则是一些比较受欢迎的小米手机，内容会不定时更新；自助服务则包括订单查询、小米之家、售后网点、人工服务、查找手机这几个方面。用户对于小米手机有任何疑问的地方都可以通过微信得到解答。如图 1-5 所示。

图 1-5　小米手机的微信公众号关注页面

但是前期小米在微信上还是遇到一些困难，当粉丝量达到 80 万的时候，由于收到的消息过多，客服来不及一一回复，而这个时候 API 接口的作用就体现了出来。小米通过微信 API 接口专门开发了一个客服后台，这个后台就会有许多客服账号，这些客服账号能够同时在线帮助用户解答问题，而用户反馈出来的问题则会随机分配给客服。值得一提的是，这些客服对用户的服务内容还可以实现共享，包括一个客服如何解决用户的问题，解决到了哪一步，这样一来用户提出的大量相同或相关的问题就会被迅速解决。

除此之外，用户在小米的微信公众号中还可以自由提问，比如直接输入小米 5，后台就会自动回复相关问题的解决，小米一直致力于自助服务的智能化，当然从小米的信息处理上就可以看出，智能服务占据了最主要的地位。

小米利用 API 接口直接提高了工作效率，对微信用户实现了最高效、便捷的管理。开放的 API 服务使小米可以进行技术性知识的分享，这样一来，不需要花费太多的精力就能够帮助用户解决问题。

小程序中所使用的 API 技术主要有网络、媒体、文件、数据缓存、位置、设备、界面、开放接口 8 个部分，通过对这 8 个部分的技术应用，小程序将会给用户带来更加丰富的体验。

第 2 章

微信小程序是什么

2.1　微信并行的三大体系

小程序这个概念一经传开就受到外界广泛的关注，而到底什么是小程序，张小龙这样解释："小程序是一种不需要下载安装即可使用的应用，它实现了应用"触手可及"的梦想，用户扫一扫或者搜一下即可打开应用。也体现了"用完即走"的理念，用户不用关心是否安装太多应用的问题。应用将无处不在，随时可用，但又无须安装卸载"。

从张小龙的解释中我们可以看出其实微信小程序就是微信中自带的一种应用，在进入这个平台后，用户就可以使用第三方的 APP，但这里面的应用并不需要用户下载，这样一来，用户就不需要在手机上下载那些不常用的 APP，从而可以为用户省下内存空间。

小程序的出现使得微信原来的体系发生变化，如今已经形成订阅号、服务号、小程序三大体系。概括地说，订阅号是可以为用户提供信息和咨询的，服务号主要就是为用户提供服务的。目前微信小程序与服务号是并行的关系，而订阅号和服务号则都归属于微信公众号。下面将对订阅号、服务号和小程序做具体介绍。

2.1.1　订阅号：提供信息和咨询的公众号

订阅号是微信公众号中的一种类型，其目的是为用户提供内容，比如，一些信息、咨询等。订阅号的发展是比较繁荣的，在订阅号中也出现了很多像"一条""咪蒙""同道大叔""小道消息"这样的让多媒体眼红的订阅号大户，很多做得好的订阅号也受到了一些 VC 的关注。

订阅号从为用户提供信息和咨询来看，它强调的是媒体传播类的属性，它可以为用户提供信息订阅,可以说订阅号完全是靠内容吸引了的粉丝,如果没有原创精彩的内容,那么就对用户造成不了吸引。

订阅号分为两种,一种是微信认证过的,另一种是没有认证过的,认证过的微信订阅号拥有自定义菜单,通过自定义菜单,公众号的界面将更加的丰富和美好,用户也能够更好地理解公众号功能。除此之外,认证过的订阅号还可以进行模糊查询功能,查询出的排名也要高于没有通过认证的订阅号,显然用户更容易搜索到认证过的订阅号。由此可以看出,订阅号的认证很有必要。目前微信订阅号认证方法有两种,一种是关联认证过的腾讯微博账号,另一种是收费认证,微信订阅号可以根据各自的条件进行认证。

订阅号注册的门槛并不高,个人和企业都可以申请,所以微信如今的订阅号内容涉及各个方面,有旅游、生活、学习、段子等。从技术层面上来看,订阅号发出的消息不是出现在一级界面,而是通过折叠到了二级界面中,并且在发送消息时不会对会员有消息提醒,会员需要主动在订阅号文件夹中去查找。用户所关注的各种订阅号都可以在订阅号里找到,每个订阅号每天只可以推发一次内容,但是每次内容可以包含几个部分。

从这个层面上来看,订阅号似乎不太利于会员的阅读,但是有弊就有利,每次的消息都在第二界面,那么对于一些不经常阅读订阅号的会员,这样并不会打扰到他们的生活,因此对于这一部分会员来说,他们一旦订阅虽然不经常阅读,但是也不会取消关注,那么这个订阅号的粉丝量就不会有太大的变化。

用户关注一个订阅号的目的是为了获得一些收获,所以订阅号的文章要让用户有一种收获感。内容可以涉及比较强的专业性,给会员普及专业性知识;文章可以给用户带来实际的价值,让用户在阅读过这篇文章之后,了解到自己的误区或认清一些事实;文章所持的观点具有独特性和新颖性,给用户耳目一新的感觉;文章可以给用户带来各种新鲜资讯,增长用户的见识。

订阅号"日常实验室"就是一个非常典型的例子，它就是通过发送各种有意思的设计、搞笑分享等获得庞大的粉丝群体。如图 2-1 所示，这是"日常实验室"往期发送的内容，"别人家无人机只会飞，而它会潜水"、"邦德来了"、"至今最牛的反向折叠伞，没有之一"，单看文章题目就会让人有阅读的兴趣，而内容的趣味性就是保持高粉丝量的重要原因。

图 2-1　订阅号"日常实验室"往期文章

订阅号有一个非常大的特点，那就是可以进行收益，收益最主要有两种形式，一种是依靠流量提现，一种是广告。如果一个订阅号的粉丝量超过 5 万就可以开通微信后台里的"流量主"，这个订阅号所产生的流量就可以提现。一般情况下，如果一个订阅号的粉丝关注量庞大，那么企业就会愿意在上面做广告，现在还有一些订阅号的内容就属于软文性质。除此之外，一些微信订阅号还可以申请打赏功能、推出有偿会员服务、营销自己的产品等。

无论是哪种收益方式，立足的基础都是拥有一个可观的粉丝数量，而各种类型吸引粉丝最后所拼的无非就是每天所发的内容。一个订阅号每天推发的内容质量直接影响到有没有人关注，有多少人关注。因此，做好一个订阅号最关键的还是内容，订阅号媒体者需要把全部心思放在内容上，形成自己的风格，做出高质量、有吸引度的内容。

由于订阅号可以作为运营者的咨询和内容板块，扮演创作内容和发放内容的角色，所以它可以通过这些内容来为小程序服务，那就是带动小程序所提供的产品和服务，所以说订阅号也是为小程序的诞生打下了基础。

2.1.2 服务号：提供服务的公众号

服务号是微信公众号中另一种类型，主要是向微信商业用户的对象提供他们的产品服务。微信服务号在申请的时候要比订阅号严格，只能是企业或者组织等属于官方机构的主体才能申请。服务号最开始的目的就是以服务为目的，让服务号为用户提供各种服务，从而让微信逐渐成为一个生态圈，用户无须离开微信，即可完成社交、阅读、获取生活服务等。不过，实际上更多服务号发挥更多的是传播信息的功能。

微信服务号会出现在订阅用户的通讯录里，在一个月之内可以发 4 条消息，而每次发送消息的时候微信用户都会收到提醒，并且消息还会显示在用户的聊天记录中，所有的服务号都可以申请自定义菜单，认证过的服务号还支持参数二维码，并且支持网页授权从而获得用户的信息。和订阅号相比，服务号的接口要丰富得多，而且还会有微信支付和微信小店的功能。

服务号在一定程度上可以作为轻量级的手机 APP，因为可以将服务号与其他的系统打通，从而给用户带来更全面的服务。比如说用户通过关注餐厅服务号就享受一些线下优惠活动；在影院等娱乐消费场所还可以通过微信支付进行预订或购买等。

这样看起来，服务号的优点似乎要多于订阅号，但是服务号由于一些功能陷入比较尴尬的局面。订阅号推发的消息都是出现在用户的二级界面，且不会对用户进行消息提醒，这样一来就不会打扰到用户，而服务号却不同，醒目的位置和即时提醒往往会使订阅用户有一种被骚扰的感觉，而一旦服务号发出的内容使订阅用户感觉到无用，那么很有可能就会被订阅用户取消关注。这就是为什么很多人在做服务号时不敢推送产品信息的原因，因为发一次消息就很有可能会流失掉很多的粉丝。

所以基于这些情况，服务号其实是企业的最佳选择。尤其是有大众基础的服务类企业，比如电信运营商、各大银行等，即使不做过多的推广，也会有不少人愿意主动关注，因为这些企业开通微信服务号可以进一步为用户服务。由于服务接口比较多，用户就可以在微信中办理各种业务。而从另一个方面来说，服务号为这些企业省下许多客服服务成本，其实就是为他们节省费用。

对于一般的企业，如果在刚开始没有大众基础，那么就要靠"服务"赢得用户。比如说一个家具企业有一个服务号，家具其实属于耐用品，更新换代并不会很频繁，这个时候发送的服务号内容就可以是关于家具的保养和清理方面的小知识，也可以是日常生活方面的知识，当开发制造出新的款式也可以在这里进行宣传。每次推发的内容里还可以带有一些优惠券或者优惠活动，以此来吸引用户的目光。

企业通过建立服务号，除了能便利用户之外，最主要的功能还是通过宣传自己的产品刺激用户消费、把线下用户导流到 APP 之中，除此之外还有扩大企业的知名度以及宣传品牌的作用。几乎所有的服务号推送的内容都是关于各种活动或产品，以此来刺激用户消费。

但是，服务号的每一次活动很少都能吸引一些核心的用户群，所以在刚开始的阶段服务号的粉丝有一个不断变化的过程，通过一定时间的筛选，留下的就是最核心的用户。和订阅号不同的是，订阅号对于粉丝更注重量，而服务号则更看重"精"，即吸引那些核心用户群，所以如何留住核心用户才是服务号最关心的问题。

目前，服务号中虽然也出现了在体验层面做得优秀的服务号，例如，"助理来也"、"朝夕日历"、"我的印象笔记"等，但服务号本身具有的体验差、层级多、接口少、内容参差不齐，甚至过度营销等缺点，导致服务号只能被用在低频使用场景中，比如招商银行的消息通知、消息提醒这些低频服务基本上是每个月仅使用一次或者两次，有的更少。这就导致很少有 VC 投资服务号，真正做起来的服务号也少之又少。

前文也说过，服务号并没有完成微信赋予它的使命，用户使用服务号的功能很简单，用户的使用场景以接收通知为主，以替代短信的推送服务，还有就是查询信用卡额度等低频服务，而服务号的其他功能则很少被用到。

小程序的出现，更多的是代替服务号完成它尚未完成的使命，帮助服务号解决其无法高频使用的难题。未来一段时间，服务号会被小程序完全替代，这也不是没有可能的。

2.1.3　小程序：即用即走的应用

微信服务号本应该是为用户提供服务的平台，但是如今看来它的发展并不是很好，因为大多数的服务号似乎还只是在代替短信进行简单的推送消息，在服务号中的各种体验明显不如直接使用 APP，导致服务号功能与设计者原来的愿望不太契合。鉴于这种情况，小程序应运而生。

从 2016 年 9 月 21 日小程序开始正式内测，到 2017 年 1 月 9 日第一批小程序正式上线，几个月的时间后用户就可以开始体验小程序的各种服务。一些人对小程序还有一些误解，其实小程序就是微信里的一个应用，它与订阅号、服务号属于并行的关系。

"无须下载"、"即用即走"这是小程序自推出以来最多的宣传，这也是给用户提供的便利之处。可以说小程序属于微信提供给广大用户的一个渠道，通过这个渠道，用户可以进入使用自己需要的 APP，需要注意的是无论通过这个途径使用多少款 APP 或者是使用多少次，这些 APP 都不需要下载，用完就可以退出系统，不会占用用户过多内存。所以对于用户来说，用户使用的低频 APP 在小程序里有了归宿，小程序可以用最简单的方式满足用户的需求。

而对于传统的企业来说，小程序也是一个新的机遇。小程序中的 APP 克服了各种不同平台的不兼容性，使用的语言也更加简单，再加上传播速度高于独立的 APP，那么这样一来就会使开发成本变低，而增加一定的流量红利。

个人、企业、政府、媒体或其他组织的开发者都可以申请注册小程序，宽松的范围给许多人一个机会，这表明任何人经过一定的程序都可以通过小程序进行创业，从这个角度来说，小程序给创业者提供了一个开放的平台。创业者可以有更低的创业门槛和更低的成本投入，而且获得种子用户的难度也要比 APP 简单得多。产品更新换代的加速使得效率更高，而相对简单的运营模式则会换来更高的回报。

订阅号的定位是"阅读"，是连接人和资讯的，媒体和政府是主要的使用者；服务号则是连接人和商品的，电商或者企业都可以使用；和这两者不同的是小程序不用选择关注，它可以连接人和应用以及其他产品和服务。

可以说小程序是订阅号和服务号最终的服务角色，它可以为订阅号和服务号的用户提供更为复杂的行为和更具特色的服务，而小程序还可以通过与服务号的配合使用，使用户有更加好的服务体验。

在一定程度上小程序的出现是一个必然，互联网使很多信息进行了整合，但又使许多信息被割裂出来，而且微信通过这些年的积累已具备构建信息岛链的条件。如果说订阅号和服务号是通往岛屿的航线的话，那么小程序就是通往岛屿的桥梁。

过去的互联网是用商业来驱动技术，在走向成熟之后，技术又反过来驱动商业，微信小程序就可以理解为这种由技术驱动商业的新产物。小程序增加了互联网前端的玩法，诞生一种线上线下相协同的新商业模式，它即将带来的成功和颠覆不言而喻。

2.2　独立的小程序生态

生态这个概念来源于生物学，与生态系统类似，商业生态系统使得其中的参与者的命运息息相关，生态系统的健康与否则直接影响着每一个参与者。商业生态系统网络化在今天的发展，是一种新型的企业网络，它能够使企业之间的资源实现相互协调和聚集。

小程序作为一种独立的生态系统，使微信形成一个商业生态闭环。有人曾经这样评价小程序："微信'小程序'是微信的成长，对中国互联网界、企业家和投资人来说，这是最好的生态圈成长、发展案例。非常有幸我们能在这个时代去见证这样的产品，从一个点切入，到长成参天大树，到变成森林，最后形成丰富的生态圈"。

生态一般都是这样构成的：先是有一个大平台打造了这个生态，这个大平台再给开发者提供统一的入口，在这个生态中他们具有统一的开发语言和 UI、运营等方面有严格的规范平台与开发者分成、共赢。生态构成如图 2-2 所示。

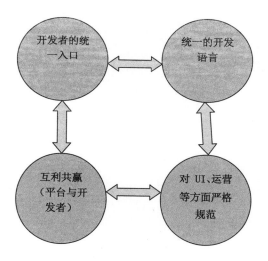

图 2-2　生态构成

对于小程序生态来说，微信就是一个大平台，入口就是微信，并且利用统一的小程序语言进行开发，提供 UI、运营等方面的规范。关于微信如何与开发者分成，目前微信还没有公布，但是这个可能性根据生态系统的特点是存在的。而且只有越来越多的角色融入小程序的生态，无论是各个领域的大企业还是小企业，无论是做小程序外包还是小程序数据分析，无论是做小程序应用商店还是小程序访问量，小程序生态才会显示出更多的生命力和可能性。

任何一个新生态的出现都会带来一些机会，小程序作为一种独立的新生态更是如此。小程序的出现总的来说会有以下三种机会：

（1）新的应用场景和用户。

（2）原生 APP 以新形态出现。

（3）微信开发成独立岗位。

下面就来具体看一下这三个方面的具体内容。

2.2.1　新的应用场景和用户

小程序之所以称之为"小"，不仅仅是因为它不到 2MB 的代码包，还因为它给用户定义了新的应用场景即直达服务的场景，这种新场景可以给用户提供更加快速的直达服务，那么在很大程度上可以带来新的用户。

小程序虽然和服务号、订阅号都属于并行的体系，但是它和后两者最大的区别就是不需要关注就可以使用，这就是小程序应用场景的直达性。当用户需要某个服务时，可以在搜索框里直接搜索或者是在现实生活中用二维码扫描，就可以进入这款应用的内部直接使用。比如用户的手机里没有外卖软件，在微信搜索框里直接搜索"美团"就可以直接出现美团外卖这个小程序，点击进去，用户不需要登录或注册，就可以直接使用。

这种新的应用场景可以带来新的用户。虽然现在的许多 APP 都给我们的生活带来更多便利，但家里很多的老人却不太会安装这些东西。如果把一个小程序的分享链接直接发送给这些老年人，他们点一下这个链接就可以直接使用，并且以后还可以重复使用，那么在这种情况下这些老年人就成为小程序的新用户。

这种新的应用场景是高度信息化和高连接性的。早在几年前，马化腾就提出了"连接"一词，实际上用户和微信之间的确一直连接着，无论是休闲还是工作很多人都会选择在微信里进行，微信成为一个高黏度的场景，而小程序使这种黏度进一度加大。

"轻盈"是这种应用场景的另一种特色，这种轻盈是体现在前端上。虽然前端所做的功夫看似很小，实际上后端需要为此埋单，后端需要做更多的事情来服务前端。

小程序的应用场景还具有专一性，从小程序提供的接口和容量大小以及审核标准来看，小程序的限制比较大，尤其是只有 2MB 的容量，里面放置的东西就不能太多，必须有更加专一而有针对性的服务。

　　小程序带来了新的用户场景和用户，也带来了许多机会。首先复制往往比创新更加容易，现在小程序属于刚上线，但是可以看到有许多 APP 直接被"复制"到小程序中，当然在小程序里已经不能简单地称为 APP。

　　电商一直以来最大的入口是在阿里巴巴手里，微信迫切希望能够占领用户的所有场景和服务，那么这样一来腾讯对这个时候出现的电商也必定是有所鼓励，这可以成为电商的基础。

　　这种新场景带来的机遇肯定不止这些，但是小程序创业者应该注意的是，无论做哪种类型的产品和服务都需要变换场景思维。这就需要在做产品时优先考虑如何使用户迅速获得服务而不是如何获得用户。

2.2.2　原生 APP 以新形态出现

　　小程序作为一种新的独立生态，可以使用户在这里得到一些服务，用来代替那些不常用的 APP，在这个层面上有很多人会担心小程序的出现会威胁到 APP，其实这完全是一个不必要的担心。一方面小程序和 APP 相比在一些用户体验上要低于后者，另一方面原生 APP 则会以一种新的形态出现在小程序中，小程序和 APP 并不是相互矛盾的。

　　有些原生 APP 具有独特用户体验的优势是小程序无法比拟的，小程序的出现可能会使更多的用户继续保持使用原生 APP。像是深度工具类和简单的工具类的 APP，如手机管家、记账本、天气，还有一些资讯类的，微商电商类的，因为用户的频繁使用，以及用户对这些应用具有更复杂的需求，所以这些 APP 可能仍然会被大多数用户坚持使用。

　　但这并不意味着原生 APP 不能通过小程序这个平台继续传播，它们还会在小程序中以新的形态出现。我们可以看得出，用户在小程序里使用某些应用的时候，其实就证明了这个应用被这个用户使用的频率并不高，这样一来用户对于这款应用的需求可能就是最简单的。比如用户手机里并没有滴滴打车这款应用，但是用户需要用到这款应用，就可以直接从小程序里进入，直接使用滴滴打车。但是在使用的时候可以发现，小程序里的滴滴去掉了不同出行方式的选择，打开默认就是"快车"，不仅如此，地图和个人的账号界面也都会消失。小程序里的滴滴卸下了过多的选择，只保留使用最频繁的服务，这样一来整个页面就会变得简单，目的也会更加明了。

所以从这个角度来说小程序对于一些存在的 APP 并不会造成威胁，反而二者可以共同发展，只不过在小程序里，那些原生的 APP 则会与原来有所不同。

原生 APP 的创业成本相对较高，对于创业者来说是比较困难的。但是小程序的出现可以降低各种成本，使创业者能够开发创作出更多的应用，这些应用不再是以流量分红，而是以其他方法盈利。在小程序里诞生的 APP 在很多方面都和原生 APP 有区别，比如内存不会超过 1MB，可以离线使用，但是在用户的使用方面却不会有任何影响，这对于那些手机内存较小的用户来说无疑是一个极大的福音。

2.2.3　微信开发成独立岗位

小程序作为一个独立的生态，凭借着自身特点带来了新的应用场景和用户，原生的 APP 也会以新的形态出现，那么接下来可想而知微信开发很有可能会成为一个独立岗位，具体一点来说，可能会产生"小程序语言"这么一个特殊的岗位。

本书上文中已经说过小程序对于许多创业者和开发者的一个巨大的吸引力，那就是前端较低的成本，而小程序作为一个开放的平台，可以为他们提供创造各种可能的机会。那么这样一来就不用担心没有人关注这一新事物，必将有很多人想要抓住小程序带来的第一波红利。

但是小程序作为微信开发的新事物，很多人对此开发技术并不是很了解。于是一些具有前瞻性的培训机构已经嗅到了这一新的商业气息，马上推出关于小程序的课程培训，帮助更多的人学习小程序方面的技术知识。外企 IT 培训企业达内教育显然已经看到了这一波红利，现在已经推出微信小程序课程，如图 2-3 所示。

图 2-3 达内教育机构推出微信小程序课程

小程序给许多人或组织、企业提供了有利的创业条件，那么很多人便想要在这一块上开辟出一条新的商业道路。可能一些企业或者公司就会另外开出一个新的工作岗位，比如"微信小程序开发"，这并不是一个假设，实际上已经有一些具有前瞻性的公司开始招聘微信小程序开发这一职位。

一些中小企业已经开始着手做小程序，关于小程序的开发一般有三种，即企业宣传类小程序、社区类小程序、服务类小程序。企业宣传类小程序主要就是为了宣传企业，里面包含了关于企业的一些资料，由于使用场景比较小，所以比较适合企业内部和商务合作时应用；社区类小程序势在打造一个交流平台，用户在这种小程序中可以查找到自己想要了解的内容；服务类小程序有首页展示和产品介绍，并且提供更多的服务。

如图 2-4 所示，这是智联招聘上一家公司关于"微信小程序开发"职位的招聘，此外在拉勾网等招聘网站也可以看到类似的招聘信息，小程序开发成为一个独立的岗位显然已经初见端倪。

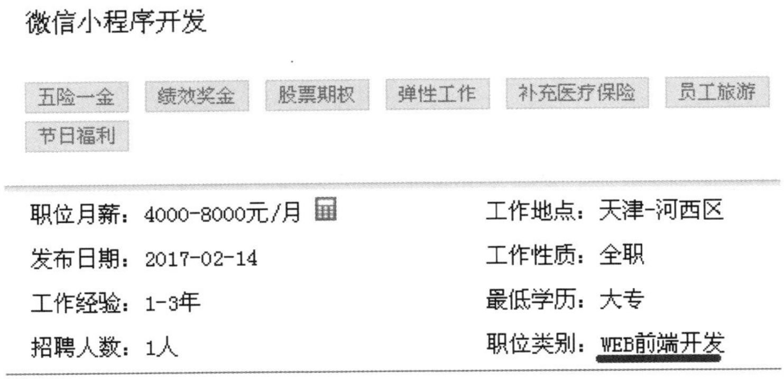

微信小程序开发

五险一金　绩效奖金　股票期权　弹性工作　补充医疗保险　员工旅游
节日福利

职位月薪：4000-8000元/月	工作地点：	天津-河西区
发布日期：2017-02-14	工作性质：	全职
工作经验：1-3年	最低学历：	大专
招聘人数：1人	职位类别：	WEB前端开发

图 2-4　智联招聘上"微信小程序开发"职位的招聘信息

　　小程序作为微信中的新生物，定位高于已经出现的服务号和订阅号，承载着张小龙的又一期盼，可以预见的是它必将是微信接下来的重点产品，甚至是最高优先级的产品之一，所以开发者完全可以放心在小程序上投入更多的精力和资源。

2.3　小程序的六大特征

　　与微信公众号的订阅、传播功能不同的是，小程序的核心功能就是服务。甚至从目前来看，未来小程序的定位并不是一个流量平台，而是一种连接线上线下的工具。其实公众号在获取流量这方面已经做出了很好的成果，这两个方面缺乏的就是服务这个性质，因此小程序的出现可谓是弥补了这方面的内容，这从小程序的一些特征上就可以看得出来，小程序的出现给用户提供了很大的便利。

　　除此之外，小程序还降低了创业的成本，给许多人、组织或者是大小企业提供了一个更加宽松的环境，它的出现必将促使一大批新事物的诞生。

总的来说，小程序主要有六个方面的特征：

（1）无须下载安装。

（2）丰富的设备访问能力。

（3）入口方便。

（4）可离线工作。

（5）一套程序，多处运行。

（6）开发成本低。

下面就来看一下这六个方面的具体内容。

2.3.1　无须下载安装：直接在微信界面使用

如今，各种 APP 的普及一方面使人们的生活变得更加的丰富，也提供了一定的便利，但另一方面也给人们造成了一定的困扰，因为每一款 APP 都是需要下载安装之后才能使用，这使得很多用户的手机里装有各式各样的 APP，占据了很大的一部分内存。而小程序的出现则在很大程度上可以避免用户出现这种情况，因为它的显著特征就是无须下载安装也能够直接在微信界面上使用，并且用完即走完全不用再卸载。

很多人都会有这样的体验，当手机里下载了过多的 APP 屏幕已经放满时，一旦下载新的 APP 就需要把原有的几个软件合并在一个文件夹中，而想要去使用其中一款 APP 时，就需要先点开文件夹，然后找取自己的所需。这样一来就会使手机的界面显得臃肿，如图 2-5 所示。

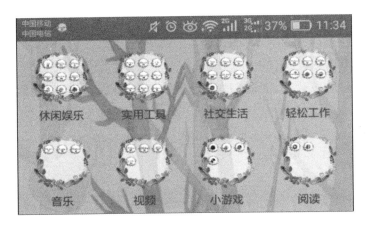

图 2-5 APP 较多的手机界面

很显然，小程序的出现可以在很大程度上避免这种现象，手机界面必然会十分的干净。举一个极端的例子，如果说拿到新手机后用户首先下载了微信，那么就等于用户手机里已经有了很多的 APP，这些 APP 都可以在微信小程序里直接使用。这样一来，用户的手机自然就会被减负。

现在一部分用户的手机内存并没有那么大，可能只有 16G 甚至是 8G，一些经常使用的 APP 本身就具有比较大的内存，像是京东的 APP 就有 127MB。在这种情况下，供他们下载其他 APP 的空间十分有限，对于一些不常用的 APP 他们可能并不会下载，但想要使用的时候又会觉得不方便。

小程序正是这一部分小内存手机的福音，用户可以把经常不用的 APP 直接删去为手机省下一定的内存。微信里的每一款小程序所占内存都不超过 1MB，据统计 APP 在手机所占空间与小程序里的空间相比最大能相差 1 452 倍。而且小程序使用过后的缓存大概只有 0.3MB，只有个别的小程序能达到 2MB，但如果是 APP 的话，所产生的缓存大多都在 150MB 左右。所以从这个角度看，小程序的确可以帮用户节省不少的内存。

无须下载就可以直接安装使用不仅给用户带来了许多便利，其实也象征着移动互联网发展的一个新阶段，而小程序只是作为其中的一个代表，相信未来还会有更多的像小程序一样的丰富人们生活的新事物出现。

2.3.2 丰富的设备访问能力：手机传感器、GPS、相机等

基于微信成熟的基础，小程序的产生可谓是具备了得天独厚的条件，微信给小程序提供了非常多的控件，这些控件使得小程序拥有更加丰富的设备访问能力，比如说访问手机传感器、GPS、相机等。

手机传感器可以用来检测所有的安卓手机的可用感应器，并能够通过图像把运作的方式捕捉下来，它包括温度、亮度、压力等方面的内容。一个手机的传感器有很多种，可以根据感应自动调节亮度、切换屏幕、换算心率等。

比如说当你在夜晚玩手机的时候，手机根据周围的光线亮度就会自动变暗从而起到一个保护眼睛的作用；大家在玩手机的时候，可以通过调节手机的方向从而改变手机横竖屏幕；通过手拿手机的方式还可以直接测算人的心率。

GPS（Global Positioning System）定位系统在某种程度上其实就是属于传感器，只不过它的界限更加的具体和明确，比如地图、导航、测速、测距方面都需要 GPS 的支持。LBS（基于地理位置的服务）的一个前提就是使用 GPS 技术。

相机不仅仅是每一个爱美人士的最爱，也是许多应用发挥功能需要读取的内容。比如说手机淘宝只有允许访问相机才能够在淘宝内部根据图片搜索信息，微信只有允许访问相机，才能够支持二维码的扫描。

手机传感器、GPS、相机等是很多应用在安装到用户手机上时需要允许访问的地方，一旦这些地方不被用户允许，那么应用就不会完全发挥出作用。小程序在微信里诞生，天生就具有这些设备访问能力，因为只有访问才能够发挥出全部的功能为用户提供服务。

2.3.3 入口方便：不在会话界面争夺空间

在之前的章节中已经反复提到过小程序的入口方式，主要就是"扫一扫"和"搜一搜"两种方式，在微信上不会直接出现小程序的入口，初次使用可以通过线下扫描和线下搜索获得入口，使用过一次小程序之后，在微信的"发现"页面就会出现"小程序"这个内容，下次使用的时候用户就可以从"发现"界面直接点击小程序。如图2-6所示。

图2-6　小程序的入口在微信"发现"界面

虽然和订阅号、服务号属于并行的关系，但是小程序并未把入口放在用户的会话界面和会话争夺空间，而是放在了"发现"这个页面中，这样一来就给用户的会话界面保留了更多的内容。而且微信小程序被安置在"发现"最下方的一级界面中，也非常方便用户的使用。

不仅如此，用户们还可以做到聊天和使用小程序两不误。只要在使用小程序时，点击右上角的"···"符号，就会弹出一个页面，在页面中显示的"显示在聊天顶部"一项，点击这一项就完成了口令。小程序这个时候就会出现在聊天页面的最顶部，点击一下顶部，就可以从聊天页面转换到小程序的页面中。对于安卓 5.0 以上版本的用户来说，还可以使用"多任务预览"功能，这样就可以在微信里面实现多个小程序之间的转换。

从 2017 年 1 月 9 日上线以来，小程序一直在完善和进步，到目前为止，已经支持模糊搜索的功能。由于小程序没有集中的入口方式，搜索成为其中一大途径，但是由于小程序与公众号不能重名，所以很多小程序的名字都比较冗长和复杂，用户在搜索后仍需要筛选。如今微信小程序上线了模糊搜索功能，只要搜索任意的关键字，搜索结果就会包含所有拥有关键字的小程序。比如用户想要找到美团的小程序，只要在搜索框里输入"美团"二字，出现在第一个的就是小程序"美团生活"，这样用户就可以快速地找到所需的小程序。

而且令人惊奇的是，第一次无论是通过线下扫描的方式还是从通讯里的搜索方式，只要使用过一次小程序后，不仅可以保留用过的小程序，寻找其他小程序的时候，还可以直接从小程序里搜索到，这样就免去了许多的麻烦。但是有一点需要注意的是，微信必须更新到目前为止最新的版本 6.5.4 才能够使用小程序。

迄今为止，小程序对音乐、美食、电影、表情、天气、咨询等常用的关键词都已经开放模糊搜索功能，尤其是一些生活中经常使用到的，当然还有一小部分尚在完善中。但从目前用户的体验来看，已经对用户的使用体验有了良好的改善。

2.3.4　可离线工作：不联网也能实现一些操作

离线使用又是小程序的一大特点，但是在目前阶段，小程序虽然支持离线使用，但有许多功能并不能直接使用，这主要是因为小程序容量过小，一些大的数据只能存在于服务器中，用网络才能使用。当然一些基本的框架在离线中还是可以使用的，比如系统消息或者是文字类的说明。

很多的 APP 都有缓存的功能，这一点和小程序非常相似。用户进入使用过一次小程序，它就会留下记忆，形成一个缓存。在无网的情况下用户再次打开它，基本框架就会快速地加载完成，如果需要最新的内容，连接上网络重新加载即可。比如使用小程序"美团生活"，用户在上一次进行了一些筛选，那么下次使用时即使没有网络，仍可以在"美团生活"中看到上次筛选相关的内容。

小程序的离线功能和后台运行给许多小工具带来无限的可能性。一些生活常用的小工具，比如万年历、番茄闹钟等这样的小工具就会出现很多，这类小工具其实对网络的要求并不高，非常适合离线使用，因此这类小工具非常适合做成小程序。

在离线的状态下工作，实现一定的操作，这不仅便于用户的使用，还可以方便开发者将离线功能尽可能地优化，这对于小程序的开发者来说具有一定意义。在开发者工具中可以选择网络环境"none"也即无网络环境，在这个环境下，开发者可以更加方便地查看小程序的离线使用情况。

2.3.5　一套程序，多处运行：统一 Android、iOS、WP 三大平台

Android（即安卓）、iOS（iPhone OS）、WP（Windows Phone）是目前市面上最常见的三款手机操作系统，这三款操作系统会给手机各方面带来不太相同的地方，从而给手机用户带来不同的体验。微信小程序在这个方面有一个明显的优势就是可以统一 Android、iOS、WP 三大平台，从而做到了一套程序，在多处运行。

Android 系统是由 Google 公司和开放手机联盟领导及开发，最初只支

持手机，如今已经逐渐扩展到其他的领域，如游戏机、电视机、数码相机等。到 2013 年第四季度，Android 手机的全球市场份额已经达到 78.1%，像华为手机、小米手机、魅族手机等大多数的国产手机正是安装的这个系统。

iOS 是由苹果公司开发的移动操作系统，最初也只是用在苹果手机上，后来运用到 iPod touch、iPad 以及 Apple TV 等产品中。这套系统可以说是苹果公司专门为苹果手机而做，其中有一些独特的功能像是 Siri、Face Time、Safari 是其他系统所不具备的。

WP 是微软于 2010 年 10 月 21 日正式发布的一款手机操作系统，它采用了一种叫 Metro 的用户界面，将微软旗下的游戏、音乐以及独特的视频体验集中在手机中。后来诺基亚手机采用这种系统并加入到该系统的研发中，因此这套系统是诺基亚智能手机的主要操作系统。

Android、iOS、WP 在各个方面具有不同的性能，比如说性价比上安卓比较实惠，系统更新上 iOS 更胜一筹，语音助手上 WP 有巨大优势，这对于一些 APP 的开发者有了选择的困难。

但微信小程序和 APP 程序并不相同，不存在安装卸载的过程，所有的操作都是在微信中进行，无疑就可以使得 Android、iOS、WP 三大平台相统一，这样一来小程序的适应能力就非常强，无论是哪一个平台，小程序都能够在其中进行开发或者是运用，这对于小程序开发者来说无疑是一件非常便利的事情。

2.3.6 开发成本低：微信提供基础组件

做一款 APP 需要一定的成本，而小程序在功能上和使用上与 APP 相近，但是由于小程序是在微信的基础上诞生，微信给小程序提供了一些基础组件，因此在开发的成本上却比 APP 节省许多，这对于开发者来说是一个巨大的诱惑力。

小程序的前端开发的成本极低。前端开发有一个最大的成本就是适配兼容性，需要在各种尺寸、性能的设备中反复地进行调试。这对于一些创业公司来说是非常不划算的，兼容性往往会成为创业公司快速把产品推向市场的一个障碍。

但是小程序则不同，因为小程序已经解决了兼容性问题，前端工程师只需要学习 Welang，就可以进行开发，而且一次开发还可以多个平台使用。而且一般来说一款 APP 需要同时开发 Android、iOS 两套系统，但小程序只需开发出一套系统就可以在多个平台使用，大大节约了这个方面的成本。

对于个人来说，如果想要开发一款应用，需要自己学会编码，如果自己掌握这方面的技术就可以节省一些时间，否则就需要个人花费时间和资金去培训学习，这就需要花费时间成本和资金成本，而且机会一旦错过就不会再来。但是小程序的开发对个人来说比较方便，第三方可以帮你开发，而且在申请注册之后你就可以拥有小程序的绝对使用权，坐等小程序的全面开放，因此节约了时间成本。

总的来说，小程序的时间成本、人工成本，包括开发和维护成本都很低，像是一些订餐点餐类的小程序，成本能比 APP 节省 50%。可以说小程序的数据、接口等硬件不需要增加成本，甚至可以说忽略不计。

第 3 章

使用场景：低频 or 高频、刚需 or 非刚需

3.1 核心使用场景：低频、刚需

根据用户的使用频度和需求程度，市面上的 APP 可以大致分为低频刚需、低频非刚需、高频刚需、高频非刚需四种。

低频刚需：像是智联招聘、携程旅游、家政服务等这些应用虽然用户使用频率比较低，但却是不可或缺的。

低频非刚需：像是小众论坛、返利网、无讼阅读等应用，用户使用的频率不是很高，而且对用户来说不是必需的。

高频刚需：像是淘宝、支付宝、美团、百度等应用，用户不仅经常使用，而且这些应用对于用户来说十分重要，离开这些应用会给用户的生活带来很多不便。

高频非刚需：像是酷狗音乐、优酷视频、美图秀秀等这类应用，大多属于休闲娱乐性质，对于用户来说可有可无，但是用户会经常使用。

不同类型的应用基于不同的使用场景，比如低频刚需类应用就基于低频、刚需这个场景之上。小程序一直期盼给用户带来一种"小而美"的产品，对于那些基于低频非刚需场景的服务，在一些特殊的场景下也能满足用户的需求，这样就能达到对"小而美"的期盼。所以，小程序虽然在使用场景上并没有过多的限制，但是它对于用户贡献比较多的、最核心的就是低频、刚需的场景。

3.1.1 低频：半个月甚至一个月才使用一次

如果只是从用户的使用程度上来看，APP 的使用场景可以分为两类——低频和高频。低频是指用户可能半个月甚至一个月才使用一次，高频是指用户经常使用。与高频场景相比，低频场景更适合应用在小程序中。

场景低频并不意味着就不必要，低频场景还可以具体分为低频非刚需、低频刚需两种，低频非刚需具体来说都是一些用户不经常使用小众社区类、小工具类、专业产品类的应用，这些应用对用户的重要性也没那么大。而像生活中经常使用的生活服务类应用、O2O 类应用、投资类应用和旅游类应用，虽然用户使用不多，但对于用户来说还是比较重要的。

用户一直以来对低频应用比较头疼，尤其是偶尔使用时很有必要存在的应用，像是一些旅游类应用，途牛、驴妈妈、携程等，这些应用的主要内容就是给人们提供各种旅游服务，针对性和集中性非常强。但是对于大多数人来说，旅游只是占据生活中非常小的一部分，除非是特别热爱旅游的人，普通人可能会几个月甚至一年才旅游一次，在使用的时候把 APP 下载上，但之后就会有很长的一段"空窗期"，在这段时间内，这些低频应用就会占据着用户的空间，影响用户的其他体验。

所以，其实细心的用户就会发现，有许多低频刚需类的应用都会出现在另一个平台中，通过寄附在一个用户经常使用的平台上方便用户使用。比如支付宝，这款使用较多的应用其实已经成为那些低频刚需应用的平台，在支付宝中有一项"第三方提供服务"，里面就会有许多类似于飞猪旅行、机票火车票、滴滴出行等应用软件，基于支付宝本身具有的金钱交易能力，这些应用在这个平台中再次被用户使用。

微信在推出小程序之前也尝试过第三方服务的推荐，用户可以通过这个途径无须下载应用直接使用。在这个推荐中，其实不仅包括低频应用，还包括一些高频度的应用。如图 3-1 所示。

图 3-1　微信内部第三方服务

我们在之前的章节中已经介绍过，小程序位于"发现"界面，属于一级界面，这样的一个便利之处就是能够使用户更加便捷地使用。而第三方服务则是位于二级界面，在使用的时候相对来说比较麻烦。所以，从这方面来讲，小程序实际上是对第三方服务的一个改善。

小程序可以说是轻量级的 APP 版本，它降低了产品开发和服务的周期，尤其是对于目前来说，各种低频应用呈现出蓬勃发展的趋势，而小程序对于越来越多的低频应用可能影响最大。

3.1.2　刚需：求职招聘、票务等必需但可以暂缓的需求

从对用户的重要性来说，很多应用又可分为刚需和非刚需，只要对用

户具有强大的吸引力，即使是非刚需的应用也可能深受用户的喜爱，这类产品主要是休闲娱乐性质的，如各种音乐、视频应用。但是对于一些使用频率不是很多的刚需应用，就面临着一个尴尬的局面，人们往往会觉得"弃之可惜"，但留在手机中不经常使用又会觉得占用空间。

其实，"刚需"这个词本来就是相对而言的，因为每个人的需求是不太相同的。以智能手机为例，在前几年智能手机刚兴起，普通手机使用最广泛，这个时候对于大多数人来说，普通手机的通话功能使它成为人们刚需的东西，但智能手机由于具有更多的功能，只能算是改善性。而如今智能手机几乎取代了之前的所有普通手机，这个时候对于人们来说，智能手机已经成为刚需。所以可以看出不同阶段，对于不同的人群，一款应用是否为刚需还有待思考。

抓住大多数用户的痛点，满足大多数用户的需求的应用，我们通常就看作是刚需。在刚需应用中，如果用户经常使用，那么作为一款独立的APP 就应该着重考虑如何完善各种功能，提高用户的使用体验，那么这款APP 就可以独立地存在，而且在用户手机里的存在感很强。但是那些不经常使用的刚需就会给用户带来一定的困扰，要么不会在用户手机里，要么即使出现也是存在感不高，而如果这类应用频繁地更新换代，就很容易引起用户的反感，造成卸载的后果。

一些用户的手机内存并不大，但是由于需要已经下载了各式各样的应用，那么在这种情况下，一些求职类应用，尤其是票务类应用，一般的用户使用频率可能是一个月一次。当用户手机内存被占满，如果要卸载一些软件，用户首先考虑到的就是这种不经常使用的应用，但过一段时间需要的时候极有可能又要重新下载，这的确很麻烦。

在这种情况下，小程序的出现可谓是解决了许多人的困扰，小程序在使用的时候既不需要下载，也不会占据用户过多的内存，那些不经常使用的刚需应用，用户就可以不用再下载，直接从微信里使用，并且多次使用，还不用担心内存问题。

其实小程序可以适应任何场景,无论是低频还是高频、刚需还是非刚需,都能够通过微信这个平台为用户服务,但是对于那些高频刚需的应用,只有独立的形式才会让用户有最好的体验,而那些低频的刚需应用则更适合通过小程序这个平台发展。

3.2 五大产品形态

触手可及、用完即走、无须安装卸载可谓是小程序几个非常显著的特点,小程序依据这些充满诱惑力的特点,自上线以来就在互联网创业圈、技术圈、产品圈、运营圈等刮起了一阵飓风。而在今天小程序的发展逐渐形成了五种产品形态:APP+小尺寸、APP+低成本开发+更小尺寸、APP+低频使用场景+更小尺寸、微信企业号+更多功能适配+更高用户体验、APP+低频操作+低成本获客。

根据小程序的优缺点,以及小程序与小程序之间、小程序与APP之间的对比,然后套入到实际场景中分析,看已有产品是否适合迁移到小程序中去,通过一些具体的案例分析,才得出这五种产品形态。

之前人们对于小程序的出现有一种预测,那就是会危及APP,甚至有些人认为小程序会完全取代APP,但是从目前来看,小程序并未对APP造成致命的冲击,二者的存在甚至可以说是相得益彰、相互配合。小程序的出现在某种程度上给了一些APP转型的机会,使它们以新的姿态出现在用户面前,也可以和APP相互配合带给用户更好的体验。

3.2.1 APP+ 小尺寸

一款常用 APP 在下载的时候往往需要不少的流量，一般都是几十 MB，有的甚至超出一百 MB，如果用户不在 WIFI 环境下，那么必然会心疼所下载使用的流量。微信小程序便利用"小"这一特点解决了用户在无 WIFI 环境下的担忧，不超过 1MB 的内存大小为用户节省了不少的流量。因此，在这种情况下，小程序就形成了这种产品形态——APP+ 小尺寸。

摩拜单车，是一种互联网短途出行解决方案，由胡玮炜创办的北京摩拜科技有限公司研发，是一种无桩借还车模式的智能硬件。人们只需凭借智能手机就能很快租用和归还一辆摩拜单车，而且价格非常实惠。自 2016 年北京摩拜科技有限公司在上海召开发布会后，这一绿色的出行方式就进入了许多城市。尤其是在北上广等大城市，摩拜单车这种出行方式非常受欢迎。

摩拜单车可以说非常适合小程序。现在大街上随处可见这种摩拜单车，用户通过说明发现只需要扫一扫解锁就可以骑走，自然很开心地想要使用。但是在扫描后才发现需要先下载一款 10MB 大小的 APP，但是在没有 WIFI 的情况下，用户由于心疼流量很有可能就会放弃。但是在微信小程序中用二维码扫一扫，只需要 1MB 的流量用户就可以骑走自行车，这样一来用户即使没有无线网络，也可以不耗费太多流量就骑走。

在微信小程序里使用摩拜单车，在用车结束后就会在微信里自动扣款结算，这就意味着在下载完这个小程序之后，只需要一步操作便能一次性完成用车服务。而且小程序里的核心使用场景和 APP 几乎没有差别，只是缺少 APP 的预约功能和侧拉菜单。但是对于目前的情况来说，大多数经常使用的用户看到单车后就直接扫描很少再使用预约功能。

原本是需要下载一个 10MB 大的应用，但在小程序里只需要 1MB，在小程序里可谓把尺寸缩小了很多。所以从这个角度上来看，微信小程序就等于 APP+ 小尺寸，而摩拜单车与小程序的结合融合了小程序的优点，正是应用小程序的一个成功案例。

3.2.2 APP+低成本开发+更小尺寸

小程序对于开发一种产品来说可以降低成本毋庸置疑，再加上小程序"小"的特点可以使原有的APP变成更小的尺寸，那么利用这两点的微信小程序其实就形成了这样的一个产品状态——APP+低成本开发+更小尺寸。

美味不用等是互联网餐厅服务及运营平台，具体通过"排队等位、餐位预订、餐厅点菜、移动支付、会员管理"等服务为用户提供定制化的互联网餐厅解决方案。自2013年成立以来，就覆盖了200多个城市和4万多家热门餐厅，月服务就餐人次超过了8 000万。

美味不用等简单来说就是一款帮用户节省排队时间的软件，核心功能就是排队取号，而且和美团类似的是美味不用等在首页中也可以查找到自己喜欢的餐厅，然后点击排队取号就可以从手机上显示出排队需要等待的时间。而在微信小程序中，美味不用等的核心功能仍然保持不变，用户可以在微信小程序里快速实现排队、取号、扫码等各个进程，同样能够满足用户的需求。如图3-2所示。

图3-2　美味不用等在微信小程序里的主界面

美味不用等就是一种典型的 O2O 模式，通过线下的餐厅拿号等位为需求，做出这样一个平台，把线下的服务反馈到线上的用户，而用户还可以直接从线上操作实现线下的服务。自小程序内测时就和美味不用等建立了首批合作关系，不仅仅是由于美味不用等自身的基础性，最主要的是美味不用等的商业模式。

美味不用等与小程序结合之后，除了本身这些服务应该还可以探索出一些其他的需求，比如说可以在微信这个大平台上通过数据分析向用户推荐喜好的餐厅，还可以叠加小程序带来的数据，增加一些在线选座、扫码支付等功能，这些都要源于小程序这个平台的支持。

可以看出，美味不用等和小程序的结合可以在一定程度上降低开发的成本，而微信自带的庞大用户量也会进一步为美味不用等获取用户，可以说微信小程序是更小尺寸的低成本 APP。除了美味不用等，易裁缝也是利用这种模式，易裁缝在微信小程序上的开发不仅降低了开发成本，还使得推广变得更加容易，从而进一步降低了获客成本，使得原生 APP 在微信小程序的发展趋势更加蓬勃向上。

3.2.3　APP+ 低频使用场景 + 更小尺寸

低频 APP 更适合加入微信小程序已经毋庸置疑，所以一些低频使用的 APP 就可以通过小程序实现一次转变，在微信小程序里与原来相比具有了更小的尺寸，但是服务能力与之前相比不分上下，给用户带来更好的感受，从而也会进一步刺激自身的进步。

铂涛会是一个具有全国 8 000 多万会员信赖的 APP，它的酒店会员体系在全球属于领先水平，专注于对用户消费领域的创新。在今天铂涛会已经成为一个旅游平台，内容已经远远不只局限于酒店。

但无论是酒店预订还是旅游平台，铂涛会的使用场景都属于低频，在这样一种情况下，如果铂涛会想要做出更大的动作其实有些难度。微信小程序为所有低频 APP 提供了这样一个机会，进入到这个平台，低频 APP 能够有更多的空间实现一些转变，而且还可以利用微信庞大的用户群体给自己增加 APP 的推广机会。

在微信小程序上线后，铂涛会迅速推出酒店微信小程序，带给了用户一种新的体验。铂涛会微信小程序其实更像是一个垂直领域的美团点评，在微信小程序里实现了一次转变，不禁让人期待，除了在住宿、餐饮、艺术、生活方面，未来铂涛会还会给用户展示什么样的场景。

铂涛会其实不仅拥有独立的 APP 形式，还具有公众号，现在利用小程序可以实现与线下资源的创新，有可能是房间扫码开锁之类的服务。铂涛会与小程序的相配合使得它在原有的基础上进行一次创新，形成了 APP+低频使用场景 + 更小尺寸的这样一种产品形态。

3.2.4　微信企业号 + 更多功能适配 + 更高用户体验

小程序不仅可以给 APP 提供一个转变的平台，也会使其他方式的产品形态实现一次转变，比如说微信企业号，微信企业号也可以在小程序里发展，借助小程序良好的基础，可以使微信企业号拥有更高的功能适配和更高的用户体验。

企微是国内领先的企业级微信平台，以即时通讯和组织通讯录为基础为企业构建了一个沟通的环境，而且还提供了一系列方便用户使用的条件，比如简单、易用的办公协作、CRM 等轻量级应用。微信企业号所提供的平台，还会使得功能具有更安全、应用可配置、消息无限制的特点，而且还非常适合出差在外的移动办公场景，与上下游合作伙伴的工作协同。企微本身就具有特殊性，不需要安装 APP，在微信上就能直接使用。

企微在进入到小程序后，就能够搭配微信提供的更多功能，从而给用户带来一种更好的体验。比如说，可以签到打卡、报销审批、请假审批等，而当企业管理出现一些特殊的场景，像是出差在外之类的，遇到无网的情况，也可以实现一定的操作。而对于一些高频和重复使用的操作，在微信小程序还可以实现优化。

这种微信企业号在小程序的转变，让人们逐渐明白微信小程序并不是简单迷你版的 APP，只要勇于尝试，它还可以带来更多的创新。微信企业号在小程序里能够有更多的功能，给用户带来更好的体验，正是一个典型的论证。

3.2.5 APP+ 低频操作 + 低成本获客

小程序与 APP 相比最大的特点就是能够降低成本，包括降低获客的成本，尤其是对于那些低频操作的 APP 来说，获得用户是一个很重要的内容，但由于自身的特性，往往使它不容易达到目标。在这种情况下，微信小程序的到来可谓是在一定程度上解决了燃眉之急，通过小程序这个平台，低频的 APP 也可以低成本地获得用户。

纷享销客是一款移动销售团队管理工具，核心功能包括销售行为管理、动态 CRM 客户资源管理、销售协同管理和销售过程管理等，在这个平台上企业可以实现员工的移动审批、CRM(客户关系管理) 和外勤签到等功能，这个平台颠覆了传统的办公软件。

纷享销客 APP 有 48MB，可以说是一个不小的 APP，在打开之后会发现它是一个十分专业和完善的移动 CRM 软件，可以用来管理企业内部员工和客户、合作伙伴的关系。但是其中还有一些低频用户的低频操作，有的功能甚至需要一个月才打开一次。对于这种情况而言下载一个 48MB 大的 APP 的确有些得不偿失，所以纷享销客小程序就可以改善这种情况。用户可以把一些低频用户的低频操作转移到小程序中，只服务于低频操作，让小程序成为 APP 的一个辅助，那么就形成了这样一种情形：高频活跃用户使用 APP，低频活跃用户使用小程序，二者之间完成了一次完美的配合。

基于纷享销客这种情况，给许多 APP 带来了一种先例，那就是 APP、小程序"两手抓"，以 APP 为主，小程序为辅。而小程序给原有 APP 提供的一些降低成本的优势，有效促进了 APP 自身的发展。

3.3　小程序补充头部 APP，聚焦长尾市场

如今，随着 APP 的蓬勃发展，人们可以接触到的 APP 范围比较广阔，内容更是涉及生活中的方方面面。但是不难看出，人们对于各种 APP 有一定的选择性，于是就形成了两极分化的局面：一些 APP 几乎每天都被人使用，而且使用人口数量众多，但还有一部分 APP 只能获得一小部分的用户，只能小众使用。在这种情况下其实就陷入了"长尾效应"的局面，如图 3-3 所示。

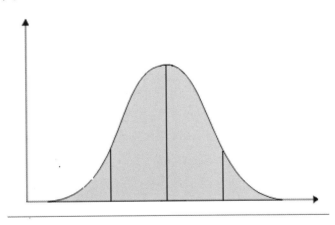

图 3-3　长尾效应示意图

图 3-3 中，曲线中间突出的部分叫作"头"，两边相对平缓的部分叫作"尾"。人们大多数的需求往往会集中在头部，而这一部分也是比较流行的地方，两边的长尾是一些小量的需求。长尾效应重点就在长尾的数量上，虽然长尾部分都是个性化需求，但如果把这些需求加在一起，它累积

的市场往往比头部的流行市场还要大。因此，长尾市场也是不可忽视的一部分。

小程序的出现实际上就是对头部 APP 的补充，并且把重点放在了长尾市场。独立的 APP 虽然要比小程序占用更大的内存，但是也比小程序拥有更多的功能，尤其是那些用户经常使用的 APP，用户还是想要更好的体验，小程序对这个头部 APP 能做的就是起到一个补充的作用，核心满足的应该是那些长尾需求。

小程序把目光聚焦在长尾市场，就可以把一个个的小需求汇总成一个大的需求。就像在电影院排片一样，由于放映的时间和空间都是有限的，往往上映的电影都是比较热门的，那些冷门的影片却很少能有公映的机会。但在互联网上就可以改变这种情况，即使是小众冷门的内容也可以搜索到。微信小程序也是如此，它可以成为所有的长尾 APP 的入口，给用户的个性化需求提供服务，从这个角度来说，这也是小程序存在的潜力。

3.3.1　小程序不会杀死"一切 APP"

小程序这个概念一经提出，就引起了整个互联网的震动，无须下载和注册、即用即走、占用空间小等一系列的优点给用户带来了许多惊喜。但又由于小程序和一些原生 APP 在内容和功能上有着极大的相似性，使得很多人在刚开始时就把小程序认为是改简版 APP。

在小程序没有正式上线之前，很多人都对此充满着期待。之前不论是什么型号的手机，想要使用一款 APP，那么首先就要先下载。比如，一位资深影迷比较喜欢看视频，那么手机上就会下载视频应用，但是很有可能这部影片在这个应用上并没有，只在另外一个应用上独播，这样就普遍存在着这样一个现象：一个用户的手机里同时安装有优酷视频、腾讯视频、爱奇艺视频等几个视频播放应用。

而且由于现在一些卫视也推出相应的视频播放应用，如芒果卫视的芒果 TV，这无疑都会给用户增加一些选择上的困难。手机上的应用越来越多，手机内存也很快就会被占完，很多人因此期待着小程序的到来。甚至有些人表示，小程序上线之后就要把手机上其他 APP 全部卸载掉，在使用的时候直接使用微信。

对于开发者来说，做一款 APP，需要兼备 iOS 开发团队和 Android 团队，这无疑会增加许多人力成本，而且还需要反复地调试，漫长的时间历程还会消耗大量的运营成本。小程序的出现的确能够帮助这些开发者降低开发成本，缩短产品周期，而且微信有 8 亿人次的用户基础，不需要担心获取用户量。所以小程序对于这些开发者来说有着巨大的诱惑力，可能会促使很多创业的个人投身于小程序的开发建设中。

基于这两种情况，很多人对于小程序有着这样的担忧：小程序会杀死"一切 APP"，但从目前来看，小程序并没有做到这种程序的改变，甚至可以断定，在以后小程序也不会杀死"一切 APP"。

诚然小程序在使用的时候给用户提供了许多便利，还给开发者带来了开发上的优惠之处，它的种种特点似乎动摇了 APP 的地位，但是它也并不是完全没有缺陷的。

自小程序上线以来，便收到两种不同的声音，一种声音认为非常方便，另一种声音则是对小程序的吐槽，有些人对小程序没有一个全面的了解，一直表示找不到小程序，这主要是没有弄清楚小程序的入口问题。张小龙没有使小程序的入口主动地出现在用户的手机中，需要用户去找入口才会出现。这对于之前想使用什么应用就直接使用的用户来说的确是有些不习惯。

除此之外，小程序和 APP 相比还有一个显著的不同点，那就是应用功能不全。小程序只留下核心的功能，并不像原版 APP 那样丰富。比如说，美团外卖 APP 里面有 16 个栏目可供用户浏览，但是小程序里只有美食、美团专送、甜点饮品、全部商家 4 个栏目，并且还不能使用红包，很多小程序都是如此，功能被大大地简化。

这对于那些用户经常使用的应用来说，小程序其实已经把方便变成了不便，小程序无法完成复杂的功能，APP 带来的体验更加全面。当然对于一些用户来说，许多 APP 占用了手机内存，而自己又不是特别依赖这些 APP，小程序的出现就给他们带来了许多的便利。

所以可以看出，对于那些高频应用来说，它们和用户的关系很密切，很难被取代，小程序的出现并不会撼动它们的地位。不过小程序的出现还是具有一定的商机的，未来用户下载的 APP 在数量上也肯定会减少。对于一些低频，尤其是低频非刚需的应用，很有可能就会被消灭，所以小程序可以取代一部分 APP，但完全消灭则是不可能的。

3.3.2　小程序将取代优质长尾 APP，与头部 APP 共存

在之前已经提到过，如今各种 APP 的频频出现形成了一种长尾效应，一些 APP 占据着头部位置，拥有大量的用户基础，但是还有一些 APP 只占据着长尾部分，这些 APP 只吸引着一部分用户，但是可以看出长尾部分的 APP 有很多，把这些长尾部分的 APP 聚集起来用户量仍然非常可观。

从各大应用商店里就可以看出，除微信、新浪微博、手机淘宝、搜狐新闻客户端、搜狗输入法、360 手机安全卫士等长期占据着下载排行榜外，还有几十万个应用存在着几乎无人问津的状况，下载量惨不忍睹，过多的长尾 APP 陷入到了一个传播困境当中。但其实还是可以看出，在这些下载量较少的 APP 当中，还是有一些优质的，这些优质的长尾 APP 只能房获一部分人心。

长尾 APP 对于大多数人来说往往不是刚需，使用的频率可能也不高，而在这种情况下让用户去下载、注册，然后长时间地使用一次，除此之外的时间都是被冷落，这对于用户来说是极不情愿的，即使用户下载了这些 APP,不久就会觉得像鸡肋一样,用之不多,但弃之可惜。那么在这种情况下,

小程序的出现就可以改变这种局面，用户通过小程序，不需要下载、注册、登录就可以直接使用之前的长尾应用，由于依赖性不是很强，所以对此的要求也不是那么高，所以小程序甚至完全可以取代长尾 APP。从这一点上来说，长尾 APP 受小程序的影响最大。

小程序的核心就是服务，从小程序的入口方式上也可以看出这一点，小程序在微信里是没有入口的，如果用户不主动想要使用小程序，即使下载了微信最高版本，也不会看到"小程序"这个平台。只有当用户需要小程序时，用过"扫一扫"和"搜一搜"才能进入到小程序，而一旦使用过一次小程序，这个入口就会永久存在。也就是说微信里在最开始的时候可能不会出现"小程序"，但是只要用户需要就能够直接使用。

在上节中已经介绍过，小程序由于自身的限制，并不会对头部 APP 有什么太大的影响。它的出现虽然不能改变头部 APP 的主导地位，但是主导 APP 仍然可以在小程序上变成一种新的形态，获得另外一部分用户。所以说，小程序与头部 APP 就是一个共存的关系，很多头部 APP 仍然可以"两手抓"，既发展原生 APP，又开辟小程序，二者并不矛盾。

小程序可以说对传统的应用商店也进行了一次大改变，长尾 APP 被取代，将导致应用商店里失去一大批内容，留下来的则是最受用户们喜欢的，这也许会迫使应用商店进行一次大的变革，这对用户来说未尝不是一件好事。

第 4 章

应用范围：工具、O2O、内容电商

4.1 最适合小程序的三类工具

在之前的章节中已经谈到过最适合小程序的场景属于低频场景，尤其是低频、刚需的场景，这些场景基本上都是小众需求，还涵盖了大量的长尾需求，比如各种旅游类、家政类、小工具类，这些原生 APP 的大多数使用频率不高，但是占据着用户手机内存，而订阅号和服务号则又无法满足用户各种功能的需求，小程序作为 Web APP 和原生 APP 中间的一种形态，就可以满足用户的需求。

"小巧、轻便、快捷"是小程序使用场景的必备要素，小工具类正是这样一个典型，许多小工具对于用户来说都是低频刚需类的，例如番茄闹钟、美柚、365 日等，这些小工具在小程序里也能满足用户的需求。总的来说，最适合做小程序工具的有三类，分别是服务类工具、桌面工具、群管理工具，下面在这部分中就来具体介绍一下这三个方面。

4.1.1 服务类工具：英语趣配音、英语魔方秀

服务类小工具是一种针对小众需求的个性化工具，对于喜欢和需要的人来说，也会有一定的使用频率。我们在生活中经常会见到各种给用户提供服务的小工具，像是英语趣配音、英语魔方秀等，针对性非常强，就是针对那些想要学习英语的人，内容也是紧紧围绕学英语这个主题。

英语趣配音是一款学习英语的小工具，和之前的应用不同的是，这款应用是通过 1—2 分钟的视频配音让用户在学习的时候充满着趣味性。这款应用每天还会更新最新最热的美剧、动漫、歌曲等资源，让用户自由选择模仿、跟读等。

英语魔方秀也是一款英语学习小工具，这款应用更吸引人的地方是让用户通过追电影、电视剧轻松搞定口语，里面的内容不是课本而是美剧，老师不是普通人而是好莱坞明星。

这两款小工具都是为一些有英语学习需求的人提供服务，由于自身的趣味性，可以吸引一部分群体。类似于这样的服务类小工具还有美柚、懒人听书、去买药、薄荷等，这些小工具都是具有针对性，可以说为用户提供的是个性化服务。

如果用过这类小工具的用户应该有这样一个体会，这些服务类应用毕竟不是完全的娱乐性质，即使再有趣对用户来说也比不过休闲娱乐的应用。用户在刚开始为了某种目的，怀有强大的决心去选择这些服务，在刚开始阶段使用得也比较频繁，但是一段时间之后大多数人就会明显地出现懈怠，甚至是完全放弃。那么这些小工具的命运就是在用户不再感兴趣的时候就会被遗忘在手机里，偶尔心血来潮又会想要再使用。面对这种现象，只能留下两种情况，第一种是被用户留在手机里，占用内存；另一种就是被用户卸载。

之前已经说过如果出现以上情况，就非常适合做小程序，特别是那些针对性集中的服务类的小工具，更适合做小程序。一方面，这些小工具因为每次要增加一些新的内容，所以日积月累占用空间很大，而在小程序中可以大大地减轻空间负担；另一方面，即使用户以后的热情降低，使用的频率减少，放在小程序里也不会觉得影响自己。所以说，服务类工具还是非常适合做小程序的。

4.1.2 桌面工具：天气查询、计算机、便签

桌面小工具是用户喜欢放在手机桌面上的，喜欢经常查阅的轻量级应用，这类小工具有天气查询、计算机、便签、时钟、记账功能等，但是这些桌面工具虽然比较轻量级，但是因为功能的单一性，有许多需求的用户

就需要多次下载安装在手机里。

不可否认,这些小工具给用户的生活提供了许多的方便,对于一些人来说甚至是不能缺少的。天气查询可以使用户不用等天气预报,就可以了解到未来几天的天气如何,从而合理安排自己的行动;计算机可以使有复杂计算需求的用户不再动手计算或者拿计算机计算,就可以快速算出结果;便签可以使用户记下想要完成的事情,并设置好提醒;时钟不仅为用户提供时间提示,还可以设置闹钟。这些小工具用户一旦使用,可以说就不能再缺少,因为它已经渗透到人们日常生活中。但需要下载安装对于需求比较多的用户来说,就显得十分烦琐。

无须安装可以说是小程序与原生 APP 最大的区别。在智能手机普及的当下,虽然各种 APP 丰富了人们的生活,但是每一款 APP 都具有功能分化的特点,也就是说一款应用往往只能满足用户一方面的需求,对于其他的需求,只能通过下载别的 APP 才能实现。由于用户需求的不断增加,手机上就需要下载安装更多的应用,不仅需要重复操作,还占用用户大量的空间。小程序的出现正好解决了这个难题,小程序无须安装,在微信里就可以直接使用,而且每一个小程序最大不过 1MB,不仅可以帮助用户省去下载安装的步骤,还可以为用户节省很大的空间。

桌面工具更是如此,这些桌面工具功能的单一性,使它们往往只能满足用户一方面的需求,比如天气查询只能用来看天气,不能记录事件;便签可以记录事件,但不可以查看时间。这种功能的单一性使得用户需要下载各种小工具才能满足各种需求,而每一种桌面工具都需要单独下载然后安装,虽然这些桌面工具属于轻量级,但下载多次就会占用一定的空间,相比之下,微信小程序更是一种合适的选择。

除此之外,值得一提的是,小程序还增添了"添加到桌面"的功能,这个功能可以支持把小程序的位置从微信中挪出来放到桌面上。如图 4-1 所示,这是滴滴出行的小程序,点击右上角三个白点,界面上就能够跳出这样的选择，点击"添加到桌面"就能够使滴滴出行小程序搬到桌面上。

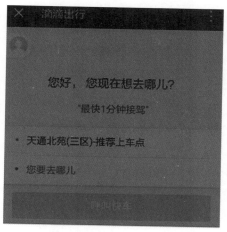

图 4-1　小程序"添加到桌面"功能

　　而且在使用的时候用户可以直接点击桌面的小程序，无须再进入到微信中，更像是一个简易轻便型 APP，因为小程序和微信共用内存，其占用的内存空间可以忽略不计。当然，目前小程序添加到桌面这个功能只适合在安卓系统上使用，iOS 系统尚不支持此项功能。

4.1.3　群管理工具：VIP 会员、福利发放

　　群管理工具也是一种轻量级的小工具，这种小工具的存在是为某些群体服务，除了常见的 QQ 群成员管理工具，还有群应用、群幂群插件、群小助手等工具，甚至是比较细节的 VIP 会员、福利发放，这些都是一些群

应用和群管理，通过这些小工具，可以使一些群体进行更好的管理。

现在的聊天工具可以说是发展蔚然，除了常用的 QQ、微信，微博、淘宝等也都具有聊天功能，而聊天工具从 QQ 开始就逐渐兴起了群组这一特殊群体，群组里可能是一个班集体，也可能是几个好朋友，甚至是公司内部人员，这些群体都是为了某些目的而存在的。群组的建立可以帮助消息的快速传播和全体成员的同时交流，它的出现的确提高了人们之间的交流速度。

一些比较重要的群组由于经常会有一些任务或者消息，那些聊天工具自带的群管理功能可能就不会完全满足这些群组的要求，它们亟须更加有效的管理工具，群管理工具就此诞生。所以说这些群管理工具都不是独立存在的，都是依托一些群而存在，它们产生的目的就是为了使用户更好地管理一些群体，从这个角度来看，有点类似于插件功能。

类似于淘宝、天猫这些涉及交易的应用，对商家来说，他们往往对不同的客户有不同的优惠条件，尤其是一些 VIP 会员，管理不同的客户就需要客服花费不同的心思，而群管理工具对他们来说简直是一个救星，群管理工具可以帮助他们快速地实现对客户的管理，从而节省大量的时间。

群幂群插件也是一款典型的群体协作工具，针对微信群主里各种场景提供相应的工具，具有快速收集、速度通知、高效助力群协作的功能，目前还上线了群投票、群通知热用功能，可以帮助群主快速收集群里成员的意见，并且把重大消息快速地通知到每一位成员。如图 4-2 所示。

群管理工具作为一种协作其他聊天工具运行的小工具，其实并不会经常使用到，所以放在桌面上对用户来说，并不是一个完全恰当的选择。小程序的出现就会使这个问题更加简单化，通过微信这个平台，不需要下载这些群管理工具也可以直接使用，群幂群插件就已经出现在小程序中，用户可以直接在微信中使用。

图 4-2　群管理工具群幂群插件界面

4.1.4　朝夕日历创始人陈炬：APP 和小程序"两手抓"

朝夕日历是一款移动智能社交日历，具有智能、社交、强大的特点，它的人工智能和推荐算法可以帮助用户高效管理时间。在收到小程序产品内测后，朝夕日历只用了一个晚上就做出了一个小程序，而后几个月的时间这个团队又开发了 5 款小程序。朝夕日历的创始人陈炬表示，APP 和小程序要"两手抓"。

小程序虽然是一个非常不错的创业机会和平台，但并不是所有的产品都适合做小程序，只有小而美的工具和 SaaS 更适合，而且由于小程序的开发成本低，几日之内就可以做出一个，所以创业者在早期可以多次尝试，然后开发重点小程序。

朝夕日历就完全符合小而美的特征，微信小程序里的朝夕日历可以说在使用上不逊于原生 APP 的体验，依然支持语音智能创建日历，准确度非常高，还可以把日程分享到群里，并邀请一些好友，非常适合聚会或者是开会、活动等场景。可以说微信小程序里的朝夕日历兼具 APP 的良好体验和微信提供的便捷优势，可以使用户轻松地管理日程。

朝夕日历的相关负责人程昊表示，朝夕日历 APP 将会做得越来越重，从而为一些深度用户服务，而小程序则会做一些轻服务，让用户在使用和分享的时候更加方便。可以看出朝夕日历并没有把小程序的出现当成 APP 的危机，而是着手两手准备，针对不同产品形态的特点做出不同的计划，从而实现了 APP 和小程序的相互配合。

小程序提供的是一种轻服务，只有满足这种轻服务才能做好小程序，通常需要做好以下三个方面：

（1）场景化，就拿朝夕日历来说，基于微信做出来的社交圈并没有日程管理，所以需要利用场景培养用户习惯；

（2）传播性，只有一些功能强大到用户愿意去分享才能实现这个小程序的传播；

（3）交易性，虽然说大多数的应用对于用户来说都是免费的，但是能够让用户愿意主动付钱的应用，绝对能够走得更远。

4.2　O2O 生活化应用是切入点

O2O 简单来说其实就是线上和线下的融合，把线下资源向线上延伸，或者是把线上资源向线下延伸，主要就是为了打造一个随处可寻的入口。百度、阿里巴巴、腾讯这三大互联网巨头对这一方面可以说了解得非常透彻，从而使线上的资源通过线下建立了联系。

小程序有一个很重要的入口方式就是二维码扫描，通过对线下商家的扫描，可以把线下的资源拉到线上，而且从微信官方给出的小程序示例中可以看出，他们的重点是在线下，线下是一个可待开发的重要场景。所以，一个二维码就把线下许多场景变成了线上的切入点。

小程序现在的核心目标是为用户服务，那么这些服务不外乎就是生活中的方方面面。可以想象到，小程序一旦普及，在生活中就很容易出现这样的情形，公交站台的小程序通过扫一扫就可以知道公交信息；在 KTV 的小程序，扫一下就可以直接点歌；在餐厅的小程序，扫完之后就可以直接付款等，甚至一些路牌、邮筒、车站都可以成为一个个入口，这些入口都是 O2O 生活化的表现。所以可以很明确地看出，O2O 也在小程序的应用范围之内。

4.2.1 付费 O2O：家政、求职招聘、订花、票务

O2O 行业虽然在前几年有过一段不错的发展，但是近几年的低谷经历使它的发展越来越难。从目前的情况来看，整个 O2O 领域除了外卖、出行这样的行业发展比较顺利，其他的行业在从线上到线下，或者是线下到线上的过程中仍然难以做出较大的动作，很多 O2O 创业公司在尝试之后却以失败而告终。

小程序由于自身的特性，能够融合线上和线下资源，从这个方面来说，小程序的产生其实对于 O2O 领域具有显著的优势，很多 O2O 互联网公司对此也十分期盼，许多付费 O2O 行业，像家政、求职招聘、订花、票务，都期望能够通过一个简单的二维码就能够在很多场景中提供自己的服务。

以家政 O2O 来说，国内家政服务市场总规模在 2015 年的时候就已经突破了 1 万亿元人民币，如今仍有很大的空间。和传统的家政服务相比，家政 O2O 拥有一些明显的优势。首先互联网加快了信息的流通，提高了效率，家政 O2O 作为一个开阔的平台，打破了对传统信息的封锁，能够实现买卖双方的信息对称。其次可以变之前的被动为主动，家政阿姨可以自由地选择和查找工作，这样就可以使原来许多闲置的资源利用起来。所

以，从这些方面来看，家政O2O还是有很大的潜力的。

小程序的出现就可以挖掘这种潜力，为O2O创造出更多的机会，线上和线下之间也变得更容易转变，用户可以拥有全新的体验，而商家也会更容易留住客户，所以说小程序的出现无疑会推动O2O的发展。

O2O一旦进入到小程序中，具体来说就会通过用户使用小程序的方式促进自身的发展。具体来说，通过扫码付款用户就可以进入到小程序中，让用户扫码付款进入到小程序是第一步，所以在刚开始阶段，商家可以提供一些优惠给扫码付款的用户，从而吸引用户进入到小程序中。

其次，在用户进入到O2O小程序中后，就可以向用户推荐一些商业内容，比如附近商家，当用户点开页面的时候就会知道有哪些商家和哪些优惠活动。

用过微信小程序的用户就会发现，只要是使用过一次的小程序，将会永久性地出现在微信小程序中，除非是手动删除，否则将成为常用功能。所以一旦将线下的消费者引到线上来，就会使他们成为小程序的用户，而在拥有大量的用户之后，就可以直接从里面获利。

小程序与线下使用场景紧密相连的特性使得O2O行业有东山再起之势，但是O2O行业能否依靠小程序实现大的转变目前来看仍然未知，毕竟小程序提供给用户的只是O2O领域APP的部分功能，用户的体验并没有APP好。所以，对于O2O领域来说，小程序最大的贡献就是线上和线下的融合，至于未来的发展，还是要靠O2O行业自身的特点。

4.2.2　好色派沙拉CMO："新媒体运营"不再是一个人的活

好色派沙拉是一个沙拉外卖的O2O品牌，通过微信、社区等来推广产品，内容主打减脂增肌的主食沙拉，而且与健身房通过赞微小店绑定在了一起。虽然是通过微信进行宣传，但它和一般的新媒体运营还不太一样，它的出现，让越来越多的人知道，新媒体运营并不是一个人的活，只有一个团队的相互合作，把线上线下相互融合，才能做出水平。

好色派沙拉创始人肖国勋在看到热爱运动健身的人越来越多这样的一个趋势后，抓住了用户的心理，从健身切入，创建了这个餐饮品牌。对于这个品牌的微信方面，有四个人在负责。在微信里推出了一系列的活动，例如"性感食物研究所""性感公开课"等，每一次的推送都要配上生动的图片，这样一来就会吸引一些口碑和流量。

对于每一篇推送出来的内容也是抱着十分重视的态度，连许多小细节都会格外留意。之前新媒体运营者更多看重的是内容，但自助排版工具的火爆，从侧面体现了新媒体运营者观念的改变。现在的微信公众号可以说是越来越精美，各个方面的设计水准都不低。而好色派沙拉更是如此，从之前简单的追踪热点到现在开始注重内容和策划、排版等，力保每一篇推送的内容都会带来一定的收获。而且微信小程序的到来，也使得对技术的要求提高了，从种种情况来看，新媒体运营正在扮演着越来越重要的角色，它已经不再是一个人简单的工作，应该是一个部门、一个公司的事情。

微信小程序在进行内测的时候，就邀请了好色派沙拉，好色派沙拉在原来的公众号领域的确是做出了一些水平。而微信小程序的出现，不仅改变了创业公司的品牌和营销打法，而且对于品牌团队提出了更高的要求，那就是产品能力。小程序与原来的服务号相比有了更为广阔的框架，企业可以更加自由地在上面施展拳脚，对于品牌人员来说，不仅需要把内容做好，更要懂得业务的流程、逻辑、结构。

比如好色派沙拉利用微信小程序提供的运动接口，发起了这样的一个活动，只要每天走路达到 8 000 步，并且坚持 21 天，就可以获取一份沙拉。显而易见，这样的活动为好色派沙拉的业务拉新和业绩提升方面带来了很大的帮助。

好色派沙拉和其他的竞争对手选择扩品类＋线上轻模式运作不同，它采取的路线是把线上与线下进行同步，并且不选择积极地扩建品类，只专注于一种沙拉品类。这样的一个优点是，用户除了通过微信选择套餐外，还可以通过线下的实体店进行消费。

微信小程序的出现使企业微信不再只是一个短期的 KPI 的品牌窗口、购买窗口，而是一个展现公司内容，进行商业行为的一个渠道。而好色派沙拉这种 O2O 品牌，也就可以借助微信小程序这个平台施展更大的动作。

4.3　内容电商更适合小程序

小程序的到来对电商也产生一定的影响，尤其是对新兴的内容电商来说，可能更适合小程序。美丽说、蘑菇街这类购物平台可以称得上是开启了内容电商的时代，使越来越多的人发现，电商不是只能通过购物平台中的优惠条件，还可以与文字相结合，利用用户的感性心理促进销售。

从朋友圈的微商开始，微信就逐渐将内容电商推向高潮，很多微信用户把自己的产品分享到朋友圈，然后吸引用户购买，这种方式后来又在公众号中继续发展，一些微信公众号甚至推出了属于自己的微店，紧接着有赞商城、微店的兴起就促使很多微信大号参与其中，比如罗辑思维、一条等，这些微信大号利用微信平台为许多内容创业者开辟了一条公众号的商业化道路。

内容电商的出现必定会在一定程度上危及传统电商，不过，许多传统电商在内容电商刚出现时便及时发现了这一点，并做出了积极的反应，现如今 UC+ 淘宝天猫、今日头条 + 京东已经构成实力雄厚的组合。内容电商和传统电商最大的不同就是以内容资讯的方式撩拨起用户的感性购买欲，要想做好内容电商，大家需要注意以下三个方面，如图 4-3 所示。

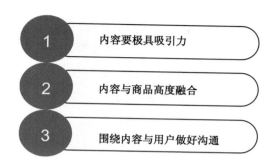

图 4-3　做好内容电商的三个方面

内容极具吸引力，这应该是内容电商的决定性因素。对于内容电商来说，内容是最重要的一部分，只有内容打动用户，才会激起用户的购买欲。

既然是内容电商，很明显内容是为电商服务的，因此，在内容方面有一个特别需要注意的地方，那就是内容要和商品进行高度的融合，虽然说商品的体现很重要，但是做好内容，从侧面表现商品的种种优势才更容易让用户接受。

对于一篇内容肯定会受到一些用户的质疑或者是其他的意见，自媒体一定不要忽视这些内容，及时地和用户做好沟通，才能提升用户的消费体验。

从内容电商的这些特点来看，小程序的出现对于内容电商的创业可能是一个巨大的红利。虽然小程序拒绝了许多互动营销模式，但内容电商其实并不会依赖那种"信息骚扰"，而且对于内容电商来说，小程序可以减少试错成本和获客成本。另外，内容电商还可以使用小程序设计语言，从而使产品实现快速迭代。

4.3.1　不依赖"信息骚扰"

张小龙对于微信小程序的理念是"不打扰用户"，这不仅体现在小程序不能进行大范围营销和推广上，还体现在小程序的入口方式中。小程序没有集中入口，只有用户主动进行搜索、扫码等有限的方式才能进入到小程序。除非是用户主动想要使用小程序,否则小程序将不会出现在用户的手机里。不能关注也不能发送消息,这无疑会给营销和推广带来一定的难度。这似乎对于以内容取胜的内容电商来说并不是件好事,但是仔细思考就会发现,其实内容电商的传播和推广效果并不依赖小程序这样的应用号的"信息骚扰",而是有自己独特的传播方式。

和广告不同的是,内容电商提供的内容可能更加可观,并且具有可读性。而从内容来看,内容电商具有明显的独家性质,内容与具体的商品有着直接的关系。由于内容电商提供的信息往往比较敏感,会涉及价格、优惠等情况,所以个人在创作完作品后,往往需要网站进行后续的工作。

传统电商进入内容电商来说,可谓是有着得天独厚的条件。拿淘宝来说,淘宝已经在传统电商上积攒了厚实的基础,一方面掌控了后台库存、促销数据,使得追寻入驻作者提供的内容是否有用非常容易;另一方面,淘宝具有丰富的人力储备,拥有庞大的大众基础,而一旦有什么内容资讯在受众群体中传播,便会引起"蝴蝶效应",从淘宝头条上就可以看出这一点。

但电商的内容传播其实难度并不小,甚至是高于一些公众号文章,它完全是利用人们的八卦、猎奇、逗趣等方面的心理,有很多方面的限制,但是如果内容做得突出,它的传播自然就更容易。

如图 4-4 所示,这是淘宝在年货节的时候做出的清明上河图中的一个画面,把淘宝内部一些代表性商品利用清明上河图的方式呈现在大家面前,给人以眼前一亮的感觉,这个内容在做出后就引起了许多用户的兴趣。

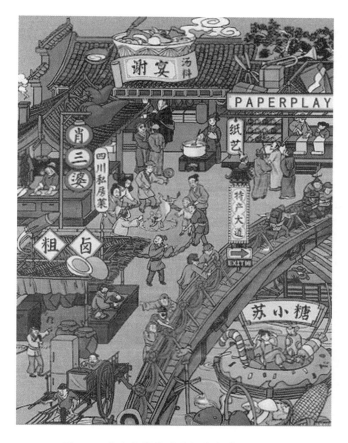

图 4-4　淘宝年货节的传播内容清明上河图

小程序的出现并不会阻碍到内容电商的传播，但对于内容电商来说却是一个很大的契机。在小程序的发展下，更多电商化的场景将深入到微信中，微信超过 8 亿的月活跃用户群则是一个非常庞大的受众群体。

4.3.2　减少试错成本和获客成本

在之前的章节中已经提到过，小程序的出现给许多创业者提供了很大的机会，因为小程序的开发成本极低。其实不仅如此，小程序的出现对于内容电商来说，还可以减少试错成本和获客成本，从而给内容电商提供一次难得的发展机遇。

人的每一次错误都会造成一定的后果，这在创业公司和企业上就是所谓的试错成本，试错成本可以分为时间成本和金钱成本。时间成本就是指用户用了多长时间能够兑现商家所说的效果，当然时间越短越好。比如，一款保健品如果时间成本是三年，那么很容易让用户觉得这并不是保健品的功劳，而如果是三个月甚至更短的时间，就会让用户觉得这个保健品很有效果。

金钱成本是指花多少钱实现商家宣传的承诺，但是在创业初期，往往会花掉很多的金钱试错成本。比如，做出了一款 APP，这款 APP 需要在不同款式和型号的手机上都能发挥出作用，这样一来就需要创业者反复地试用和调试，这个过程必然会产生许多试错成本。

试错成本会给许多创业期的公司或者是产品增加很多难度，但是小程序已经提供了坚定的基础，留给创业者付出的则是一小部分的努力，对于初期要上线的产品来说，试错成本自然比较低。对于内容电商来说，试错成本本身就不高，而小程序必将为内容电商的创业进一步降低试错成本。

获客成本就是指企业为开发一个顾客所付出的成本，许多企业和公司在前期往往需要花钱培养客户。随着各种 APP 的盛行，获客成本已经越来越高，对于创业公司来说，这是使他们十分头疼的地方。微信拥有超过 9 亿的注册用户，这对于很多创业公司开说是一个十分诱惑之处，而内容电商则更完全可以依赖这个强大的生态系统，使获客成本降到最低。

4.3.3 使用小程序设计语言，允许产品快速迭代

对于许多的企业和公司来说，小程序之所以比较好，应该来说是它本身所具有的快速迭代、快速验证的特点，这些特点使得许多创业公司的门槛发生了根本性质的变化，将会给商业带来巨大的更新。

一款 APP 的开发在过去往往需要几个月的时间，并且需要七八个工程

师，但是小程序的出现改变了这种情况。如今只需要两三个工程师，在短短的几天内就可以实现原来应用的 90% 的功能，先不用考虑降低了多少开发成本，单是产品的快速迭代的能力就是之前创业公司所望尘莫及的。

快速迭代应该是当今产品的一个特点，电商时代和传统的商业模式最大的不同也在于此。比如说服装，之前都是由商家预测出流行的趋势，然后开始大规模地进行定做，每次都是走批发路线。电商也与此不同，电商面对的是每一个消费者，可以满足个体需求。

之前都是以年或季为更新换代的单位，现在却是以天和周来计算，往往还会不断地进行升级，这一点大家在生活中就会有体会。比如说现在手机上的 APP，对于一款已经被广大的用户接受的 APP 也会经常更新升级，不断地进行功能调升，以满足用户的需求。而且各式各样的 APP 的兴起也在满足着不同用户的需求。

在这个互联网的时代，商业思维已经进行了转型，从之前的卖什么顾客用什么，到现在顾客需要什么就提供什么，都是快速迭代的结果。而为了顺应产品的快速迭代，所有的内容电商需要的软件基础服务都可以在小程序里得到帮助，比如使用小程序设计语言开发，匹配所有的移动终端。在这种情况下，内容电商只需要做好前端开发就可以了。

4.3.4　HMM 零食创始人李俊：小程序是一个很好的补充

无论是在降低成本方面，还是在加速产品更新换代方面，小程序的平台给许多创业者提供了一个参与的机会。对那些已经发展起来的内容电商来说，小程序仍然是一个可以抓住的机会。HMM 零食创始人李俊这样看待小程序与电商的关系：小程序是一个很好的补充。

HMM 零食是一个定位在年轻女性，路线小清新的零食品牌，HMM 即大家耳熟能详的韩梅梅。HMM 零食主打的就是果干和梅干，每上新一款单品，都会经过 100 位女性的试吃体验，然后根据用户的意见进行修改。

HMM 零食最大的特点应该就是产品的包装，每一款产品都和韩梅梅有着联系，"每一款产品的包装都是一个关于韩梅梅的小故事，客户可以边吃边读"，创始人李俊这样表达初衷。这样的结果就是给自己的产品打下一个具有特色的品牌，使用户能够记住这个品牌，如图 4-5 所示。

图 4-5　HMM 零食鲜明的包装特色

　　HMM 零食获取客户的方式主要就是通过网络，首先通过微信和微博自媒体营销这个品牌，想让一些用户了解到这个品牌，然后在淘宝上打造一个爆款，通过微信群等方式培养客户。创始人李俊认为自己的销售模式和以往有着很大的不同："传统零食 1.0 版本的代表是来伊份，他们的模式是货源整合，提供基础包装并开放线下专卖店。2.0 版本的代表是三只松鼠，整合供应商在线销售，并以卖萌为宣传主题。HMM 零食是零食 3.0

版本，我们赋予品牌人格化，并精选供应商，注重用户互动体验等。"

而 HMM 零食也做出了斐然成绩，在短短几个月的时间里累计销售就有 10 万盒，1 号店铺、淘宝店铺的好评率为 99%，而且在微信上还有自己的旗舰店。

HMM 本来就是以内容取胜，而小程序的出现让创始人李俊看到了新的方向，HMM 产品相关的视频、文字、漫画等内容就会有承载，而 HMM 在微信本来就有一定的客户基础，所以小程序的出现可以将话题社区运行起来。微信电商对于形式内容等方面的缺陷，小程序很有可能会进行弥补。

第 5 章

优势对比：小程序与 APP、H5

5.1 小程序与 APP 优势对比

小程序虽然在功能和使用上与 APP 有很大的相似性，但是小程序并不是一款 APP，而且在其他方面有着巨大的差异，二者可以通过比较，从而分析出各自的优势。

（1）下载安装方面，对于 APP 来说，要想使用它，必须先下载安装，而小程序却是无须下载安装，通过扫码或搜索就能直接使用。

（2）广告方面，APP 总是会在界面中弹出广告，影响用户体验，而小程序则不允许向用户发送广告。

（3）市场方面，APP 如今的市场已经接近饱和，而小程序却是一片有待开发的土地。

（4）开发成本方面，APP 为了适应各种版本开发成本比较高，而小程序的一次开发就可以匹配所有手机，开发成本低。

（5）审核方面，APP 需要向十几个应用商店审核，过程十分麻烦，而小程序只需要提交到微信公众平台审核即可。

（6）开发周期方面，一款完善的双 APP 的开发周期是三个月，而小程序平均开发周期为两周。

（7）功能方面，APP 可以实现完整的功能，而小程序仅限微信提供的接口功能。

（8）空间方面，APP 需要用户下载十几兆或者更大的安装包，但是每个小程序的安装包最多只有 2 兆。

通过对比就可以发现，小程序有着 APP 无法比拟的优势，APP 也有独特的优点，二者特点的不同也导致了不同的适应范围，APP 由于对品牌有较高要求，更适合成熟的商业公司，而小程序可能更适合初创团队，用较少的时间和资金也能创建一个品牌形象。

5.1.1　简单功能 PK 复杂功能

小程序可以称得上是"APP 的简化版"，也就是说小程序在功能方面和原生 APP 相比，并没有 APP 全面，小程序的功能相对来说都是比较简单的，而 APP 则提供更加复杂和全面的功能。

小程序之所以提供更加简单化的功能，是因为小程序的内存限制。为了节省用户的空间，每一个小程序最大不能超过 1MB，在这么有限的一个内存里，小程序只能简化一些功能。当然为了能让用户有更良好的体验，小程序里保留的功能也都是比较基础和核心的。

小程序较 APP 功能简化，这在很多小程序里都能体现。比如荔枝 FM 的小程序里只有热门和订阅两个方面，而 APP 则有直播、频道、推荐、订阅四个方面的内容，用户还可以在里面搜索自己喜欢的内容。在美团 APP 里，有美食、电影、酒店住宿、休闲娱乐、外卖、火车票、KTV、周边游、旅游出行等部分，而在小程序美团生活里，只有享美食、爱玩乐、看电影这三个部分，而且还不能去用一些红包等方面的优惠，如图 5-1 所示。

美团生活和 APP 相比简化了许多，真正做到了专注于吃喝玩乐这四个方面。但是不难看出，虽然小程序缺少了许多复杂的功能，但是却把最基础和最核心的功能保留了下来，对于用户的一般需求是完全可以满足的。

图 5-1　小程序美团生活简化版界面

在功能方面，不能单独分开说简单的功能比较好或者是复杂的功能比较好，应该根据具体的情况分析。如果用户对一些应用的依赖程度很深，经常使用，并且使用的方面比较多，他们对这方面的功能就要求比较多，显然小程序提供的简单化的功能已经远远不能满足这些用户的需求。但是如果用户对于一些应用依赖程度并不是很大，偶尔才会使用，而且对于功能方面的要求也不高，下载一款功能完备的 APP 未见得更好，反而会占用空间。这个时候用户还不如进入到微信小程序直接使用。

所以说功能的简单或复杂到底是好事还是坏事，还要依据具体情况来看。对于手机内存不大只想要使用基础功能的用户来说，小程序是一个不错的选择，而对于那些想要更高体验的用户来说，下载一款 APP 可能会更有帮助。

5.1.2　轻，无须下载安装 PK 重，需要下载安装

无须下载安装是小程序最大的一个特点，也是和 APP 区别最大的地方。不需要下载和安装就能够直接使用，提供给用户的是一种轻量级的服务，单凭这一点就可以看出小程序对用户的吸引力，也难怪有人在小程序出现之后，放言 APP 的时代已经结束。

原生 APP 需要先下载，然后进行安装才能够使用，这是之前每一个人都习以为常的事情。虽然每次下载安装一款 APP 都需要一定的时间，尤其是那些占用内存大的 APP，如果再遇到网速不好的情况，需要的时间就更长。而且如果没有无线网络，相信没有多少人舍得用自己的流量去下载。

而小程序的出现让越来越多的人知道，不需要下载安装一款应用也可以直接使用。小程序的入口是通过扫码或者是搜索，也或者是朋友的分享，通过这个入口就可以直接进入到程序中，然后直接使用，不仅省去了下载安装的功夫，还不需要注册登录，可以用户的使用更加便利。

除此之外，为了实现小程序的"轻"，小程序没有订阅关系，也没有推送入口，更没有关注功能，只是一个信息承载的页面。在核心场景上也是集中轻量级服务，张小龙举过这样几个例子，比如用户可以在车站通过扫描二维码实现订票，在广告牌上扫描二维码就可以获得一些服务。

和小程序比较起来，APP 就显得"重"了很多，APP 向用户提供了更多的服务和功能，而每次升级更新大都会增添一些新的功能，再加上用户长时间的使用，就会使这款 APP 承载的内容也越来越重。

对于手机内存空间不大的用户来说，会更倾向于一个轻量级的占用内存较小的小程序，而且可以预测到的是，未来更多的低频使用的 APP 将转换为新的形态，在小程序里出现。

5.1.3　推广容易，留存转化难 PK 推广难，留存转化容易

在之前的章节中已经说过，小程序可以减少推广成本，在推广方面要比 APP 更容易，但是对于推广后用户的留存和转化，在小程序上显得比较难，而 APP 在这个方面则更胜一筹。

微信有超过 8 亿的月活跃用户，只要小程序得到微信一定的支持，完全可以得到一笔可观的分发量，之前的微信游戏和京东商城就是靠着这一点得到了巨大的红利。现如今朋友圈的传播已经非比寻常，虽然小程序不能分享到朋友圈，但依旧可以实现小程序的二次传播。而与小程序不同的是，APP 在刚开始时并没有这个基础，而且每下载一次都是需要用户的思考，不会像在小程序里那样轻易进入，所以从这个方面来看，小程序的推广效果比 APP 要简单得多。

但就像很多人经常所说的那样，越容易得到的东西就越不会懂得珍惜。小程序因为在使用的时候不需要下载和安装，非常容易，而当用户觉得微信里的小程序有些多时，还可以非常方便地卸载掉，用户不用担心以后是否还用这款小程序，即使用也非常容易，所以小程序很容易流失。

但是 APP 就不同，即使是那些低频而且占用空间的 APP，用户在卸载的时候也要考虑一番，因为以后再想使用，还得需要重新下载安装，下载一款 APP 需要不少的流量，没有人愿意反复下载它。除非是对用户提供的价值真的很少，否则用户不会轻易卸载 APP，这样的话，留在用户手机里的 APP，即使使用的频率不高，也会有挽回用户的余地，从而避免用户的大规模流失。再加上 APP 都是属于手机的一级菜单，很容易就会唤醒用户，所以总的来说，原生 APP 可以更好地留住用户，并且不会轻易流失。

原生的 APP，尤其是那些高频使用的 APP，能够让用户有沉浸感。用户在打开一款 APP 到达一定的步骤之后，只要没有退出，即使返回到主界面，再回到这款 APP，还是之前的位置。但是小程序则不同，小程序一旦中断，则需要重新开始路径流程，这在电商支付的情况下影响很大。所以，

在相同条件的转化下，原生 APP 能够带来更好的体验。

5.1.4 腾讯小程序 PK 阿里巴巴"到位"

小程序是腾讯基于微信这个平台推出的无须下载安装就可以直接使用的应用，这无疑又给微信用户提供了更多的服务。几乎与此同时，阿里巴巴在支付宝里增加了"到位"这一功能，代替了原来"咻一咻"的位置，给用户提供一个平台发出各种个性化需求，并寻找附近能提供服务的人，如图 5-2 所示。

图 5-2 支付宝"到位"的位置所在

腾讯小程序和阿里巴巴"到位"的相继推出，让很多人开始怀疑这二者又挑起了一次针锋相对的战役，这二者之间到底有着什么样的区别呢？下面就来具体看一下这两个方面。

在功能方面，其实小程序和"到位"完全是两个不同的方面。小程序主要是给用户和创业者提供一个平台，用户可以在这个平台上直接使用一些 APP，无须下载和安装，也无须注册和登录，创业者开发一款小程序的成本和门槛也远比一款 APP 要小得多。可以说小程序的出现影响最大的应该是 APP，尤其是那些低频 APP，在将来很有可能被小程序取代，毕竟小程序占用空间少，并且使用方便；但是对用户高频使用的 APP 来说，小程序的功能相比较 APP 来说，就少了很多，在用户体验上 APP 还是更胜一筹。

而和小程序不同的是，"到位"完全是一个生活平台，用户可以在上面发送一些需求或者是提供给别人需求。比如说，你需要坐公交车，但是身上没有零钱，那么就可以在"到位"上发出需求，系统就会定位在你的附近看是否有人愿意提供零钱服务；如果你的手机没电了，也可以在"到位"发出需求，寻找愿意提供帮助的人。"到位"的出现，让有人调侃"终于可以有人去厕所送纸了"。但是经过一段时间的使用，有些人表示，虽然是提供了一些方便，但是有时候也面临着预约不到服务或者服务效率低的问题。

微信小程序的诞生其实是基于微信熟人圈，而支付宝则是利用陌生人社交。之前支付宝利用各种手段并没有发展好熟人社交，这次转向陌生人的发展值得众人的期待。

虽然微信小程序和阿里巴巴"到位"为用户提供的服务方式不同，但殊途同归，二者都是为了更好地切入本地生活，占据更多的支付场景，从而赢得未来的移动支付战争。但是在电子商务的模式上还有一点不同，微信小程序是 B2C（Business-to-Customer）模式，即商对客模式，而到位则是 C2C（Customer to Customer），即个人与个人之间的电子商务模式。

至于这二者的未来发展如何，还需要根据以后的表现来断定。但是可以看得出，微信小程序在有了大量的开发者后，需要做的就是流量的分配的问题，而"到位"在撬动了用户的个性化需求之后，要想办法去满足这些需求。

5.2　小程序与 H5 优势对比

　　H5（HTML5）就是指第五代 HTML，也指用 H5 语言制作的一切数字产品。现在大家在网上浏览到的网页大多是由 HTML 编写的，包括一些图片、链接、音乐、程序等元素。浏览器经过解码 HTML，就可以把网页显示出来，这也是互联网兴起的基础。小程序和之前微信的内嵌不同的是，不再使用 H5 架构，而是重新构建了架构，因此在各方面有着不同的功能。

　　自小程序上线以来，许多用户可以体验到小程序介于 H5 和原生 APP 之间，而小程序也提升了之前基于 H5 的微信公众号的用户体验，就是让一部分 H5 的开发转变为小程序，这会对原生 APP 造成一定的影响。

　　总的来说，小程序和 H5 在运行环境、开发成本、获取系统权限、生产环境的运行流畅度方面有着不同的优势，下面就来具体看一下这几个方面的区别。

5.2.1　浏览器运行 PK 非完整浏览器运行

　　浏览器是指可以显示网页服务器或者文件系统的 HTML 文件内容，并且支持用户交换文件的一种软件。浏览器可以使用户迅速地浏览到各种文字、图像等信息，而大部分的网页都是 HTML 格式。

　　传统的 H5 的运行环境是浏览器以及 WebView，而微信小程序就如同是新形态的 APP 一样，它的运行环境并不是完整的浏览器，这主要就是因为小程序在开发的过程中进行的一系列改变。

小程序在开发的过程中虽然会使用到 H5 的相关技术，但不会采用全部。小程序的上线只需要微信审核，而微信在不更新软件的情况下也可以将小程序更新到自身软件中，这很容易让人联想到 React Native 框架，而且已经有些开发者在微信小程序中使用了 React 和 Node-Webkit 库。微信小程序的官方文档中强调了脚本内是无法使用浏览器中常用的 Window 对象和 document 对象的，而像 zepto 和 jquery 这种操作 dom 的库则被完全抛弃。

所以可以推断出，小程序的开发团队很有可能基于浏览器内核，重构了一个内置解析器，并且专门对小程序进行优化，并且配合自己定义的开发语言标准，用来提高小程序的性能。由于小程序给开发者提供了一些基础，如开发环境、调试、编程等，因此不需要再考虑它的最终运行环境。其实小程序之所以不用完整的浏览器，是因为正如浏览器是打开 Web 网站的重要工具一样，微信会成为打开小程序的重要工具。

5.2.2　开发成本低、上手简单 PK 开发成本高、上手难

开发成本低是做微信小程序的一个显著特征，由于小程序是基于微信这个成熟的平台诞生，微信给开发者提供了许多便利的条件，所以即使是新手在使用的时候也会很快上手。而对于 H5 来说，它的成本就比小程序要高出很多，对于开发者来说也需要更加坚实的专业知识。

微信团队给小程序创业者提供了开发者工具，并且规范了开发标准，对于前段前端常见的 HTML、CSS 都成为微信自定义的 WXML、WXSS，虽然都是自定义标签，但是微信官方给予了明确的使用说明，创业者上手也是非常容易的。

小程序创业者在微信的统一规定下，只需要专注写程序就可以了。而且在调用各种 API 的时候，引入地图、使用罗盘、调用支付、调用扫码等功能创业者可以直接使用，不用考虑浏览器的兼容性，也不用担心生产环境中是否会遇到各种漏洞。不仅如此，小程序在完成之后还不需要考虑产

品更新换代和升级，由此可以看出，小程序的开发成本的确比 Web 的开发低很多。

但是在面对一个 H5 的开发需求时，就需要考虑更多。除了一些开发工具外，大到前端框架、模块管理工具、任务管理工具，小到 UI 库选择、接口调用工具、浏览器兼容性等，都需要开发者一一考虑。即使是使用 jquery 插件去编写 H5，也需要寻找合适的插件进行配合。虽然这些工具具有很高的可定制化，并且能够提高开发者的开发效率，但是项目开发的配置工作就已经消耗了不少的成本，而对于日后的版本迭代、版本升级还会产生不少的成本。

而由于在开发 H5 的时候需要开发者统筹兼顾各种需求，开发者需要做的内容就要比小程序开发者做得多，上手不太容易，对于一个创业者来说，这无疑是加大了难度。

5.2.3 无缝衔接的系统级权限 PK 系统权限较少

HTML5 web 应用一直以来有一个很大的缺陷就是应用场景都是一些业务逻辑简单、功能单一的内容，这主要就是因为 H5 的系统权限相对来说比较少。相对于 H5，微信小程序拥有更多的系统权限，而这些系统权限，因为拥有更流畅的性能都可以和微信小程序实现无缝衔接。

微信小程序虽然介于 APP 和 H5 之间，但本质其实还是一个 H5 应用，但与那些微信内部其他 H5 应用或者小游戏最大的不同，就是微信小程序比 H5 拥有更多的系统权限，比如说数据缓存能力。当用户在打开一个小程序之后就会把这个小程序的主要框架缓存到小程序上，下一次再去使用的时候，用户就会快速地浏览到这个网页，即使没有网络仍然可以加载到这个小程序。

微信小程序还有一个非常重要的开放权限就是微信登录接口，这个接口可以使用户的微信号和应用账号打通，在使用的时候虽然不需要用户去登录，但一旦使用某个小程序其实就已经登录上了微信账号。这一点是微信提供给开发者的一个便利之处，也是许多开发者梦寐以求的。

很多应用都面临着一个相同的问题，那就是一旦用户不支持读取全部的管理权限，那么有些功能就不会实现，但微信小程序却与此不同，小程序不需要开发者担心管理权限问题，因为它是默认地支持读取用户管理权限。

而和微信小程序相比，H5 的系统权限就更加狭隘，因此它的功能也会显得十分单一，用户在使用的时候也会少许多服务，这对于有更高要求的用户来说是远远不够的。

5.2.4　媲美原生 APP 的体验 PK 不良体验

微信小程序虽然和 APP 在内存大小、创作成本上有着巨大的差别，但是小程序和 APP 却有着极为相似的功能，APP 上的核心功能小程序都会具备，只是减少了一些复杂的功能，这对于那些不是很依赖 APP 的用户来说，体验几乎和 APP 是相同的。而 H5 页面由于总是需要调取浏览器，所以 H5 的页面跳转更加费力，具有不稳定因素，所以用户在这方面的体验不及微信小程序。

很多用户一直以来都有一个直观的感受，那就是 H5 页面在处理复杂的业务逻辑或者是丰富的页面交互时，它的体验就会大打折扣，它需要不断依靠项目优化来提升用户体验，而且它的页面展示空间也比 APP 小很多，给用户造成一定的记忆负担。H5 页面的导航设计也有一定的不足，底部导航消失，有效的导航却面临着挑战。

但小程序却大不相同，小程序运行的环境比较独立，尽管同样用 html+css+js 去开发，但配合的是微信的解析器，最终出来的是原生组件的效果，在体验上自然会比 H5 更优质。而且小程序在自身的框架和组建的帮助下，启动的速度和运行的速度都要比普通页面的应用快很多，甚至是可以媲美原生 APP。而 H5 的体验与 APP 相比还有一定的差距，可想而知，对于用户来说，微信小程序的体验要高于 H5。

无须下载是小程序创造一个良好体验的前提，不同于之前 APP 的使用都要下载安装，小程序省去了这个过程，可以直接在微信中使用。而且和 H5 页面菜单的迟滞感不同，小程序的菜单设置得非常舒适，形式也更加灵活，这一点也超过了之前的微信公众号。

刚才在上文中已经提到过小程序具有更多的系统权限，其中的数据缓存能力，也是提高小程序的体验原因之一。如果在小程序中反复地切换界面，小程序并不会重新加载页面元素，这是因为小程序具有缓存功能，可以最快速地把界面呈现在用户面前。但是 H5 的每一次前进或者后退都需要重新加载，麻烦不说，还会使用户忍受时间的煎熬。

5.3 为什么说小程序是创业者的机会

智能手机的普及促使 APP 如雨后春笋般崛起，人们的生活各方面都已经离不开 APP，但是如今 APP 的发展其实已经接近饱和的状态，再加上 APP 流量成本过高，高频市场被一些应用给抢先把持，还有一些 APP 占据了用户大部分时间，这几种情况的出现对于创业者来说更是雪上加霜，很多创业者面临着用户获取难、使用不高的问题。

很多创业者在 APP 面前却而止步，但是小程序却向创业者们抛出了"橄榄枝"，创业者们也迫切希望能够分得微信这块大蛋糕。其实微信小程序提出的这个"小而美"的方向在之前已经有了一定的基础。

早在 2013 年的时候，百度和 UC 都对轻应用进行了尝试，百度轻应用以搜索为核心，UC 轻应用以浏览器为核心。虽然当时这两家已经认识到了轻应用的重要性，但是并没有做出太大的动静，没有把这个生态成功带起来。

目前，微信不仅拥有庞大的用户群，还拥有足够长的用户使用时间。而在占据天时、地利、人和的情况下，为小程序的诞生提供了条件。因此，对于一些创业者来说，小程序正是一场及时雨，不仅降低了门槛，还使得开发的成本降低了很多，并且拥有微信这个开放的平台作支撑。所以，对于创业者来说，小程序的确是一次难得的机会。

5.3.1　APP 流量成本太高

在之前的章节中已经反复地提到小程序与 APP 相比有一个显著的优势，那就是成本的降低。和小程序相比，APP 需要更高的开发成本和推广成本，尤其是后期的推广，需要耗费的不仅是时间和精力，还有大量的资金，而前期的创业者显然没有太多的资金可以"砸"在流量上。

APP 市场的饱和使创业者在前期的创业方向更加狭隘，无论是吃、穿、住、行中的哪一方面，涉及的 APP 都数不胜数，尤其是每个方向都拥有着一些代表性的应用，再想开发同类型的应用难度比以前提高了许多。

APP 前期的开发首先就要做 Android、iOS 两个版本，然后还需要根据不同型号的手机进行调试，开发成本之高可想而知。小程序在这方面会极大地超越 APP，因为它在前期开发的时候可以不用考虑多版本和兼容性问题，只需要做出一个版本，只要在微信上得到审核就可以了。可以看出，在这方面小程序给创业者提供了更多的基础条件，从而使得门槛降低，成本随之降低。

不仅如此，推广成本在如今也成为 APP 的一大项支出，可以说在近几年 APP 的推广成本是翻倍增长的，有些 APP 的 CPA（Cost Per Action）单价已经达到 500 元以上。之前获客成本只有几元，现如今已经涨到几千元、几万元，用户对于新兴的 APP 新鲜感一点点地消失殆尽，呈现的局面是两极分化的，一面是流量巨头占据越来越多的流量，一面是新兴 APP 无法争取到流量，应用商店的 APP 有大多都是没有下载和使用量。

创业者在前期由于没有太多的资金储备，因此不可能在流量上投入更多，但是流量的重要性不言而喻，掌握着 APP 的生死命脉，如果一款 APP 开发出来后，不能吸引到一定的流量，可想而知这款 APP 的命运将会如何，据统计，每年都会有 50% 的新 APP 因为流量问题走向了死亡。

而与之形成鲜明对比的是，微信给了创业者更多的机会。先不提微信提供的基础性内容，单凭微信超过 8 亿的活跃用户这一点，就能吸引到很多创业者。并不是每一款 APP 都能有上亿的用户，只要微信给予一定的支持，微信小程序基于微信这个平台就很容易获得用户资源，因此就会大大节省一些推广成本，更会节省一些流量方面的投入。

因此，APP 为小程序的诞生创造了一定条件，而随着 APP 自身开发成本、流量成本等各方面成本的增加，使得 APP 的开发举步维艰，但是在另一方面却使得小程序赢得了更多的关注。

5.3.2 高频刚需场景已被应用把持

如今 APP 的发展已经有了一个相对稳定的局面，各个方面的 APP 也有各大巨头在掌控着大多数用户，尤其是那些高频刚需场景几乎已经全部被应用把持，留给创业者在这方面发展的空间已经是越来越少。在这个时候很多应用改换了场景，向着低频场景去发展，但是低频场景由于本身的限制性，给 APP 的发展加大了难度。

对于一些高频刚需场景，用户一直比较依赖，而且也在上面停留了不少的时间，他们对这些高频刚需的 APP 要求自然就比较高。他们想要更多的服务，更快的浏览效果，还有紧跟潮流的脚步，这也导致了许多应用不断地更新升级，功能越来越多，变得越来越重。

就像搜索方面有百度，外卖方面有美团、饿了么，购物方面有淘宝、天猫、京东，聊天方面有 QQ、微信等，每个场景都有一些巨头在把持着大多数的用户，即使是一个新用户在选择一些高频刚需的应用时也会选择最受大众欢迎的。因此它们的下载量、安装量、使用量都是一些刚产生的同类 APP 所望尘莫及的，如果一款 APP 定位于这些高频刚需场景，显而易见，赢的可能性已经不大。如图 5-3 所示，聊天工具 QQ 近期更新的最新版本，下载量接近 5 千万。

图 5-3　聊天工具 QQ 的最新版本下载量

可以说高频场景的 APP 具有独立发展成生态的可能性，比如美团外卖，即使在微信和支付宝等场景中都有这个入口，但是这些只是一部分小的增量，美团 APP 占据着最主要的阵地。

小程序在开发前期虽然要比 APP 轻松很多，但是由于在一些功能上的不全面，导致很多用户对于一些常用的 APP 依然很依赖，而且使用微信小程序还需从微信这个入口进入，当然不如直接进入 APP。从目前来看，小程序也并没有对这类的 APP 造成冲击，反而是一些低频场景的 APP，却受到了极大的冲击。

创业者既然在高频刚需场景方面已经不能难以发展，只能把目标放在低频方面，但是很显然低频市场将受到小程序的巨大影响，从这一点来看，未来将会有更多的低频 APP 以新的形态出现在微信小程序里。

高频刚需场景被 APP 把持，而低频场景被微信小程序占据，很显然创业者在低频场景上面的机会就是微信小程序。在高频刚需应用上面，既然大家已经很难做出一款成功的 APP，倒不如把重点放在门槛更低、创业更容易的小程序上。毕竟微信有超过 9 亿的月活跃量，小程序基于微信这个大平台，就不怕分不到一杯羹。

5.3.3　用户时间是竞争切入点

现在各种 APP 之间的竞争不仅是指同类竞争，也是指和所有的产品去竞争用户的时间。一款 APP 被用户下载到手机里只是第一步，决定这款 APP 生存现状的用户的使用时间。高频应用之所以能够在所有应用中独占鳌头，就是因为抢得了用户大量的时间。

根据用户的使用频度和使用时间，可以将一些常用的应用进行简单的分类，大致可以分为高启动短停留型、长时间停留型、周期性启动型、内容消费型、碎片时间型。

高启动短停留型主要是一些工具型的应用，利用 360 安全软件、流量监测等，这类应用打开时间非常短，有的停留时间甚至只有十几秒，但是需要用户经常使用，而且频率还很高。

长时间停留型主要是那些高频刚需应用，如微信、酷狗、腾讯等，这些应用从文字、图片、声音、视频等各个方面满足了用户的需求，这类应用占据了用户大量的时间。

周期性启动型主要是一些日历、闹钟、天气等方面的应用，由于这些应用的特点，还有用户的使用习惯，在使用这种应用时可能是打开频次不高、停留时间不长，但具有一定的规律性。

内容消费型是指那些新闻类、阅读类的应用，这种应用由于解决了传统的难题，携带比较方便，又可以离线使用，所以用户可以在各种场景中使用这类应用。

　　还有一些应用是碎片时间型，例如微博，微博有一个很大的特点就是可以长时间或者短时间地使用，不仅可以长时间留住用户，也可以让用户在琐碎的时间使用，所以这类应用也是比较活跃的一种类型。

　　这些应用都或多或少地抢占到了用户的时间，甚至有一些长时间地占据着用户的时间，例如微信平均每个人每天使用时间超过 1 个小时，但是与此形成鲜明对比的是，还有许多低频应用被"冷落"。许多低频刚需应用即使被用户下载安装在手机里，但用户偶尔才使用一次，在抢占用户时间这一方面显然是非常不利的，低频应用面临的尴尬局面可想而知。

　　低频应用不仅在用户下载安装方面不如高频应用，在使用上更是被远远地甩在后边，可以看得出低频应用并没有多大的竞争优势。可是高频刚需场景已被应用把持，留给创业者的空间已经非常有限，低频场景在应用市场又没有什么优势，在这种情况下，小程序的出现就是一个转折点，即使在小程序上做一些低频的应用，有微信庞大的用户群支撑，小程序就很容易获得一些用户。未来小程序将以什么样的方式盈利虽然目前还没有明确，但是可以确定的是，小程序提供给创业者的是一个开放的更利于创业的平台。

第6章

小程序带来的三大红利

6.1 程序员的赚钱机遇

微信小程序使创业者的成本和门槛降低，只需要投入一些专业知识性的内容，就很容易创造出一个新产品。显然这对于个人来说是一个很好的赚钱就会，尤其是对那些精通这方面专业知识的程序员来说，就更加容易了。

具体来说，微信小程序带给程序员的机遇主要有三个方面，如图 6-1 所示。从程序员本身的职业特点来说，程序员拥有得天独厚的优势，那就是懂得专业知识，可想而知程序员会比那些不懂技术的人轻松多少；不同于之前应用市场的审核，微信小程序只需要通过微信审核即可，省略了许多复杂的过程；从成本上来说由于只需要做一套系统，完全不用考虑多版本和兼容性问题，这使得开发的成本大大降低，利用微信这个平台不用担心获客量，从而减少了推广成本。

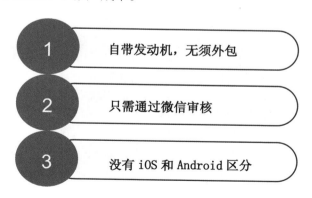

1 自带发动机，无须外包

2 只需通过微信审核

3 没有 iOS 和 Android 区分

图 6-1 微信小程序带给程序员的机遇

过去创业者总是说："我有一个绝妙的创意和一个靠谱的团队，现在就差一个程序员了"，但现在这句话可以说成为一个现实，真的只需要一个程序员就可以进行创业，微信小程序带来的红利，还需要勇于尝试的人才有机会赢得。

6.1.1　技术：自带发动机，无须外包

微信小程序之所以能够给程序员带来一波红利，最主要的原因就在于程序员本身拥有的开发技术，而这种技术对于许多拥有资金的"技术小白"创业者来说，无疑是一个显著的优势。毕竟微信小程序的开发门槛和创业门槛都低很多，程序员只需要调动自身的知识技能，不需要寻找其他外包人员，也能够轻松开发出一款小程序。

对于之前的 APP 创业者来说，首先就应该拥有一笔资金，然后还要雇用外包，可以说一个不懂技术的创业者将会花费更多的资金和时间。但是微信小程序的诞生，给了许多程序员一个创业机会，这使他们不用过多地考虑外部条件，只要他们想要创业，微信小程序这个平台就会给他们提供一个机会。不仅如此，程序员还可以马上学习小程序的相关知识，在自身技术的支持下，就可以快速地了解和掌握小程序的知识，不仅可以自己去创业，而且还可以赚取那些不懂开发技术的创业者或者是创业企业外包的钱。

程序员在技术上的先天优势可以帮助他们很快地开发微信小程序，可以说是自带发动机，可以比不懂技术的创业者抢先占得优势。一旦程序员心中有了关于小程序的想法，就可以马上进行开发，在实现这种想法之后，又可以使小程序尽快上线，抢占先机。但是那些不懂开发技术的创业者可能就会选择把将要开发的小程序外包出去，那么他们一旦有了什么新意，就需要先和外包沟通看能否实现，在反复的沟通中才会确定一个想法，这样一来耗费的时间自然比程序员更多。

在一个新生事物发展的初期，速度很重要，越是抢得先机的人，越是能够获得更多的用户，从而拥有更大的发展机会。程序员可以实现第一时

间上线，这样的优势可以让他们获得更大的发展机会。

在之前一些程序员在工作之余，还可能会做一些外包的活儿，或者自己尝试做一些小的应用，虽然也能够获得一定的收益，但是这个过程都是比较漫长的。而小程序的出现会让程序员们发现，自己开发出一款应用不仅会变得更加简单，速度也会大大提升。

因为从技术层面上来看，小程序的技术要求并不是很高，因为微信提供了大多数的技术支持，程序员要做的不是很多。另外，微信小程序只可能保留之前 APP 当中比较核心的功能，对于一些复杂的功能就不再使用，这会使整个页面十分干净整洁，开发也更容易。所以，很多程序员都能轻而易举地开发出一款小程序，从这个角度来看，小程序会给程序员带来很多机会。

6.1.2　运营：只需通过微信审核

无论是任何产品，运营都是最重要的环节，运营做不好，再好的产品也很难有市场。所以，程序员在开发完成一款小程序之后并不意味着就大功告成了，而是万里长征的第一步。运营是通往用户的一个重要桥梁，而且涉及设计、运行、评价和改进等各个方面。简单来说，就是用运营去实践盈利模式，运营的目标就是为了扩大用户群和用户活跃度，增加用户收入。

以 APP 为例，任何一款 APP 盈利的必备条件都是用户群体，所以很多 APP 都是采取免费下载的模式，圈住用户然后想办法去盈利。运营可以细分为基础运营、用户运营、内容运营、活动运营、渠道运营等，其中最后两个部分是最复杂的地方。

在过去 APP 市场还未饱和的时候，做出一款 APP，加上广告就很容易通过市场审核，然后这款 APP 就会开始进行盈利。但是对于今天来说，安卓市场上的应用琳琅满目，不计其数，即使能很容易地做出一款 APP，但是在运营上也变得十分麻烦，因为需要各种审核资料。而且在上传软件的时候需要各种软件著作权证书，应用市场还不允许个人开发者上传应用。

APP 主要的渠道应该就是各大应用市场，首先需要申请各大应用市场的开发者账号，还要熟悉各大市场的活动规则，比如礼包、CPT（市场位置按天付费）、CPA（按成效付费）、CPD（竞价投放，按下载付费）等，要弄清楚什么时候申请以及申请的条件。除此之外，还要通过微博、微信、朋友圈、QQ 空间、百度论坛、贴吧等渠道进行宣传推广。可以看得出，一款 APP 在运营推广方面也需要注入不少精力和资金。

相比 APP 烦琐的运营流程，微信小程序显得更简单，它只需要通过微信审核，借助微信庞大的用户群，做一些营销推广，比如微信群分享，效果也很不错。而且小程序可以进行二维码线下推广、公众号等新媒体推广，这使得小程序运营更便利。

不过，微信对小程序的审核还是比较严格的，如果不遵循微信的规则，根本不可能通过微信审核。下面是微信对小程序提交审核项目的一些要求。

1. 微信小程序账号、LOGO、名称与简介要求

（1）账号注册要合法，不能违法使用他人的品牌或商标，以及符合新广告法。

（2）提交小程序审查时，头像 LOGO 要尽量使用清晰度高的图片，这个清晰度是指可以看清、分别图片中包含的元素，否则微信不予通过。

（3）小程序名称必须和所提供的服务有所关联，而且必须是两个词以上的组合，不能使用广泛不具备识别性的词语来命名，比如日历、电话。

（4）小程序简介要特别明确，不能使用模糊的词义表达，比如提高用户的购物体验。微信官方推荐在简介中具体提炼几个功能点，告诉用户。

2. 微信小程序功能要求

（1）微信希望用户打开小程序的时候直接就能使用到相关的功能，因此，小程序页面中的相关服务不能隐藏，也不能进行多次跳转，要求小程序首页必须能够直达或者经过两次点击到达相关的功能。

（2）小程序的功能不能过于简单，比如说只有一个页面，或只提供一个按钮。

（3）小程序不能展示、推荐第三方小程序，不能做小程序导航、互推、小程序排行榜等。也不能通过小程序来搜索其他小程序。

（4）用户在使用小程序时，不能以关注或使用其他小程序作为条件。

3. 微信小程序内容要求

（1）禁止诱导分享。

（2）小程序不能用作营销活动、广告用途，不能存在类似算命、星座运势之类的测试类内容，不能包含赌博、竞猜、抽奖等内容。

（3）小程序里面的图片，不能包含广告、网址。

（4）小程序禁止多媒体，比如音频、视频的自动播放。

以上是"小程序平台常见拒绝情形"中值得大家注意的地方，所以大家在开发小程序时必须严格按照微信小程序的规则进行，否则会走很多弯路。

如果大家开发的微信小程序，其各项内容都符合规定，那么接下来就很好办了，只需要一次性缴纳300元的审核服务费用，自成功之日起，就可以在一年之内有效，这也就意味着认证费用是一年一次，一次300元，除此之外，没有过多的条件要求，也省去了许多烦琐的过程，所以，这对于程序员个人来说也是一个不错的信号。

6.1.3　成本：不用区分 iOS 和 Android，降低开发成本

在开发一款 APP 时往往需要开发 iOS 和 Android 两种版本，iOS 只适用于苹果手机，而 Android 则适用于大多数的国产手机。如今开发一款微信小程序只需要一个版本，微信就会调试成适合两个版本的内容，这个开发成本自然会降低很多。

iOS 和 Android 二者之所以需要不同的版本，是因为二者在很多方面都不太相同。iOS 采用的是沙盒运行机制，安卓采用的是虚拟机运行机制；iOS 中的第三方程序不能在后台运行，但是安卓支持后台运行，直到没有内存才会停止；iOS 中用于 UI 指令权限最高，而安卓的数据处理指令权限最高。

二者的不同性能导致需要把一款 APP 做成两个版本，这样一来就可以理解成开发一款 APP，其实需要做两个。在完成两个版本的开发之后，还需要考虑设备、尺寸、分辨率等各方面的内容。尤其是对于安卓系统来说，设备数量比较多，在很多方面都是不太一样的。一款 APP 为了给不同的手机带来相同的体验，安卓版本的 APP 还需要对不同的手机进行调试，考虑各种兼容性问题。所以这个方面不仅会加大成本，也会给前期的测试人员和产品经理带来极大的工作量。

但是如果开发的是一个微信小程序，由于微信提供了固定的消息模板，用户不管使用什么样的系统，打开后的界面都是一样的。如果开发的是一个网页应用，就只需要针对不同尺寸的屏幕稍微调整一下前端代码，用户获得的体验就是统一的。这对于安卓版本不同设备的调试来说，这个前端调试成本几乎可以忽略不计。

而且一款完善的 APP 平均开发周期是 3 个月，而小程序的平均开发周期只有两个星期，最快的只有一两天就可以完成，微信小程序大大地减少了开发的时间，在新兴产业时间就是金钱，开发时间极短，优先占据优势的方面，这绝对是在给创业者提供更大的成功可能性。

所以对于程序员来说，微信小程序确实是一个难得的机会，不用区分
Android 应用和 iOS 应用两个版本，降低了成本，而且速度还会提升很多。
只要程序员敢于做"第一个吃螃蟹的人"，就一定能够抓住这个赚钱的机遇。

6.2　微商的颠覆性改革

微商在前几年成为电商从业者非常关心的话题，但在几年后的今天，
微商似乎并没有实现重大的发展，微信也没有什么代表性的电商化案例，
虽然微信手中拥有着海量的用户，但是在电商这条路上一直没有取得突破
性的进展。

微商之所以发展受到阻碍，主要是因为微信缺乏足够的购物场景和用
户、流量导入机制。众所周知，微信乃至整个腾讯公司都是以社交起家，
在信息分享方面，微信有着巨大的优势，但是在电商方面却并非如此，在
物流、供应链等方面，微信存在着各种问题，发展尚不成熟，并不像阿里
巴巴一样有了一整套成熟的系统。虽然说微信支付为电商创造了一定的可
能性，但是由于在前期缺乏必要的场景支持，微信支付更多地沦为抢红包
的工具。

在移动互联网的时代，只有拥有粉丝才能够生存，虽然微信拥有庞大
的粉丝群，但是为商家提供的支持却不是很大，粉丝并没有导入到商家上
来，微信虽然做过一些努力，但是对于线上商家来说，成效不是很大，因
此微商难以取得较大发展。

在前期微商对微信的发展做出了巨大的贡献，这在一定程度上使得微
信对微商持更加包容的态度。在后期微信对微商进行了严厉的打击，对于
一些分销欺诈行为做出了整顿，这给无数的微商平台带来了巨大的改变。

可以说从这个时候起，微商不再肆意妄为地成长，而是进入到了一个被严格监管的阶段，微商的发展变得萎靡不振。

而之后小程序的出现可以说是对微商又造成了一次颠覆性的改革，或者说微信小程序的到来使得微商完成了自己的使命。微商一直存在一个问题就是场景不够丰富，但小程序似乎可以解决这个问题，开始介入到电商化的各种场景之中。

通过微信这个开放的平台，可以看出微信小程序对微商的两大期望：一是能够通过 H5 丰富购物场景，二是可以整合优质微商资源。

6.2.1　通过 H5 丰富购物场景

几年前的除夕夜摇一摇和红包让微信成为一时的热点，当时有不少观点认为腾讯已远远超越了阿里巴巴，"10：30 微信总摇一摇次数 72 亿次，峰值 8.1 亿次每分，送出微信红包 1.2 亿个"，"仅仅两天时间微信绑定个人银行卡 2 亿张，干了支付宝 8 年的事"，这样的评价未免显得夸张，因为对于当今这个场景时代，需要比拼的是对互联网场景的构建、运营以及转化的能力。而显然，微信的场景化一直比较弱。

微信也认识到自身存在的问题，继而推出了微信支付，但是微信支付在目前来看更多地成为抢红包的工具，缺乏场景的延伸和转换。而支付宝却和微信有着不同的情况，支付宝由于有多年的经验，已经具备了丰富的线上和线下场景，无论是餐饮、商场、医院、超市等都有一些线下支付场景，而同时还具备充值、转账、彩票等线上支付场景，如图 6-2 所示。虽然微信现在已经逐渐丰富了这些内容，但是毕竟支付宝在先，很多用户已经习惯使用支付宝，而微信想要扩大场景只能另想办法。

图 6-2 支付宝界面上的各种场景

目前电商从传统的纯货架式又转向了一种新的形式，那就是以内容驱动购物。例如淘宝中出现了淘宝头条这一块内容，淘宝头条里的内容包括最淘宝、爱穿搭、数码控、大吃货等几个板块的内容，而不同的板块下面又是不同的内容咨询，在咨询中每一个产品的介绍都有淘宝链接，用户点击链接可以直接到达商品页面。淘宝利用淘宝头条完善了购物场景，也提高了流量的利用率。

微信小程序对此有一个非常重要的改变，那就是降低了对商家的 H5 开发难度，并且微信官方还支持应用程序的朋友圈成为传播的渠道，在加入了 GPS 等传感器后，商家就可以自行设计，从而极大地提高应用场景的丰富性。场景一旦丰富，用户的下单量自然就上去了，微信给商家带来一定的收益，商家自然对微信电商持支持的态度。

小程序对 H5 做出了很大的改变，提高了 H5 的特性支持性能，而且开放了更多的系统。这些系统会使得商家和客户之间建立更好的联系，这对于微信平台中大多数以个体为单位的微商来说，进入的门槛降低了，自身拥有更多的管理权限，对他们来说绝对是个好消息。

总的来说，微信小程序中对 H5 进行的改变使得微信的购物场景更加丰富，而且微商还拥有了更多的功能权限，这对于微商的发展来说确实有着不可估量的促进作用。

6.2.2 整合优质微商资源

微商在前几年的发展虽然有了一定的基础，呈现出一种欣欣向荣的景象，但是微商毕竟存在着很多的问题，在微信采取了一系列的强硬措施后，使微商的发展陷于沉浸，这就使得对微商资源的整合势在必行。

许多微商在发展上面临着一些问题，质量问题不用多说大家都明白，微商的产品质量参差不齐，有许多产品都是金玉其外、败絮其中，但是产品质量的保证是毋庸置疑的。很多微商产品不仅在质量上有问题，还会有同质化的问题，比如在化妆品行业，几乎大多数都是做面膜，保健品几乎都是减肥药，这很容易造成不正当的竞争行为，从而不利于市场秩序的维持。

微信是一个熟人圈，把产品卖给了自己的朋友，在一定程度上是出于友情的关系，这样一来就很难保持连续性，而且在微信中缺少一部分保障交易机制，商家和客户之间的关系也十分脆弱。朋友圈作为一种主要的传播手段，一方面会使好友有一种被骚扰的感觉，而另一方面也可以看出这种推广方式十分单一，不利于产品的传播。

但是微商对微信的电商化做出了不少的贡献，尤其是一些优质的微商。虽然微商经受了微信的打击之后陷入了发展的低潮，但是那些优质的微商仍然是微信中非常重要的一部分。这些优质的商家相对来说，拥有更加强大的供应链和完善的管理服务，这对于正在丰富场景的微信来说当然十分重要。

所以对于这一部分的优质微商资源，微信小程序对此进行整合，提供给他们更加开放的交易平台，帮助他们完成线上和线下的连接工作，从而促进这些优质微商的进一步发展。

在之前的章节中已经说过，微信小程序是微信实现线上线下相融合，形成一个闭环生态环境的重要因素。因此微商团队可以通过微信小程序开发优质的 H5 程序，驱动电商化进程，将线上线下的电商同步发展。凭借线下的支付拉新功能，小程序提高复购率，线上的商家就可以凭借小程序完成拉新和复购工作。在这种情境下，微商的发展前景就会变得十分明朗。

6.2.3　爱范儿半天即完成玩物志小程序 Demo

爱范儿是一款全方位关注互联网、集中报道创业团队的互联网应用，对业界生态、智能产品及移动应用有着深刻的理解，并且将一些新的理念和信息及时地送到用户手中。爱范儿也是小程序进行内测时的邀请对象之一，而令人吃惊的是爱范儿只用了半天的时间就完成了玩物志小程序的 Demo。

玩物志被定位于"新生活引领者"，为用户提供的都是具有时代气质和较高品质的生活用品，可以说它是微信的内容电商。与之前的爱范儿相比，玩物志更加贴近用户，而正是这种贴近用户的方式完成了对微信电商的实践。

微信小程序给开发者提供了许多便利的条件，也使得他们在开发创造一款小程序的时候更加容易，花费的时间也更少。与需要几个月的开发周期的 APP 相比，小程序可能只需几天，这也为玩物志小程序 Demo 只用半天时间就开发完成了。

　　玩物志作为一款电商类微信小程序，实现了从挑选再到查看商品最后下单付款的这一整套流程，而玩物志作为一款专门时尚生活用品的小程序，带给用户的不仅仅有商品还有时尚和惊喜。打开玩物志的界面，就会发现上面的内容都是比较时尚和赶潮流的，如图 6-3 所示。比如像是包包、手表、文房四宝、家居百货，当然还有一些新品和"风骚小物"，内容紧跟时代的脚步和用户的口味。

图 6-3　玩物志各种时尚用品的主界面

玩物志的主界面和大多数的电商 APP 类似，在图片最下方是导航栏，点击不同的导航栏就可以进入到不同的界面中。点击顶部的"最新"和"最热"还能够按照商品上架的日期和热门程度去浏览商品。在浏览的过程中，如果用户对某一件商品感兴趣，就可以点击进入商品详情页，对商品进行全方位的了解。而一旦用户有看上的商品，就可以点击"马上购买"和"加入购物车"，这个过程和淘宝是一样的，操作简单，而且非常便于用户寻找自己喜欢的商品类型。

玩物志的出现就使得用户可以在微信中集浏览与付款于一体，在微信中也可以安全放心地购物。可以说在一定程度上，玩物志把一些优质的资源整合了起来，一旦玩物志小程序获得不错的使用量，必将导入更多的商品资源，从而进一步整合优质商品资源，这是一个良性循环。

6.3　自媒体"增粉"的新工具

微信和其他的社交工具有着一个很大的不同就是朋友圈聚集了大量的熟人，可以说朋友圈就是一个熟人圈，微信群也成为熟人联络的一个场所，这是由于朋友圈的特性决定的。虽然熟人很多，但并不见得都是志同道合的，微信在缺少陌生人依据兴趣组成的社区的基础上，才有了自媒体的诞生。

从各种风格和内容迥异的自媒体上可以看出，自媒体就是拥有共同兴趣爱好的陌生人组建起来的，而绝大多数的自媒体人也是通过微信群、兴趣部落等工具加强与粉丝之间的交流，从而又形成了粉丝社区。

但是自媒体也存在着自身的局限性，不能和粉丝进行深度的交流，而且这个平台也无法对用户进行有效的管理。小程序的出现是一个改变，它提供了新的交流平台，可以为社群提供多种交流的方式。微信为开发者提供更多的工具，可以帮助开发者扩展业务，因为很多自媒体人不仅仅满足于现状，可能有更大的抱负，比如做自己的APP。如果是想利用流量来卖东西，就可以举办一些活动或者是提供一些服务，再或者是借助其他的工具，如有赞、易企秀等围绕着微信做成了自己的公司。

虽然很多平台都希望通过自媒体来增加流量，但是这样一来对自媒体还是有限制，二者都是靠内容赚钱，并不会形成一个闭环，而且微信最原始的功能是通信，跟内容并没有太直接的关系。小程序的出现，能够弥补自媒体在产品形态上的要求，随着小程序在用户群中的普及，自媒体"增粉"自然不在话下。

虽然小程序的出现给自媒体带来了一些机遇，但也会面临着一些挑战，如对技术开发能力的要求、要适应新的运营模式、要实现社群内容和关系链的迁移，自媒体只有应对好这些挑战，才能够抓住小程序这波红利。

6.3.1　在内容的基础上提升技术开发能力

微信自媒体在之前主要就是以内容取胜，在技术上并没有过多要求，这也是个人都能发展自媒体的原因，但是小程序的出现给自媒体提供了一个更高的要求，自媒体人再走以前的老路已经行不通了，还需要在内容的基础上提升技术开发能力。

在小程序推出之前，公众平台更多的功能，是推送内容消费和服务的场所，争夺的是流量红利，而由于这个原因，自媒体人几乎把全部的精力都放在了内容上，如何做好内容是他们最关心的事情，而对技术上探索比较少，连一些基础的排版知识也是在后来的摸索中一步步改进的。

大家可以明显地感觉到这个问题，不同的自媒体做出了风格迥异的内容资讯，有专业知识型、时尚潮流型、生活百科型、幽默逗趣型、心灵鸡汤型等，无论是哪一种风格，凭借的都是具有特点的内容，而自媒体也只能靠内容获取流量，但是自媒体人如果觉得已经拥有了一定的粉丝量从而想要转型，比如进行销售，就十分困难。因为用户更习惯在公众平台上获取内容资讯而不是消费。

但小程序的出现就可以为自媒体人解决这方面的难题，自媒体人可以在小程序里打造自己的电商 IP，用自身的影响力使粉丝习惯内容电商，从而在小程序里形成自己的品牌。当然自媒体人还可以利用内容优势每天向用户推荐一款精品，用文字的优势，打开用户对商品的需求。

这一切听起来都很美好，只不过实现就需要自媒体首先提升自身的技术开发能力。小程序带来了更多的接口能力，但是这些基本上都是针对技术人员的开放，自媒体人进入的门槛比较高。而且当自媒体人在进行摸索的时候，由于缺乏互联网技术工具的难题，即使小程序拥有无限的可能性，其也只能隔着技术这片大海遥遥相望。对于小程序带来的这波红利，只有拥有强大的技术工具支持，才能使内容创业者们更好地享受到。

自媒体人为提升技术开发能力可以自己建立一支技术团队，或者使用软件外包，无论是何种方式，都需要一项较高的成本投入，自媒体人应该根据自己的实际情况来确定如何最高效地提高自身技术。

6.3.2　适应话题、问答等新运营模式

微信自媒体人是以内容取胜，他们最关心的就是如何把内容写得最吸引人，创作出爆款文章，但是很少能够和粉丝进行交流，所以在互动上还是比较匮乏，但是小程序需要加强二者之间的联系，自媒体人应该创造出一种新的运营模式来加强和粉丝的互动。

之前自媒体人的工作重心可能是创作出一篇 10 万字以上的爆款文章，所以每天思考的都是如何写，如何抓住用户的心理，对于和粉丝的互动虽然会有，但还是比较被动，这些互动都是基于微信里的红包、直播、咨询日报、微课堂等形式，但显而易见这样的互动方式并不会和大多数粉丝有

真正意义的交流，先不说参与的粉丝量有多少，这种方式对于增进和粉丝的感情方面作用显然比较小。

槽边往事是微信自媒体中一个成功性的代表，这个公众号在内容上做得很有特色，因此拥有较大的粉丝群体。打开这个公众号的主界面，如图6-4所示。除了每天推送的文章之外，在界面的最下边有两个选择，"我问菜头"和"交换图片"，这两部分内容都是增加粉丝互动的途径，其实在加大与粉丝的交流上，槽边往事已经做得很好了。但是还是很明显地看出所有自媒体在这个方面存在的一个问题，那就是比较被动，单从这个名字中就可以听出来，"我问"把主动权交给了粉丝，而且这些问题还需粉丝上交一定的费用，这必然又会使粉丝的主动性变小。所以，可以看出并未完全和粉丝进行深度的交流。

图 6-4　槽边往事中和粉丝的互动

当微信小程序到来之后，自媒体的这种运营方式应该做出改变，可以基于应用号的社群，创造一些话题运营和问答运营的功能，来加大自媒体人和用户之间的交流。对于自媒体人来说，既要做好内容增加粉丝，又要做好和粉丝之间的交流维持粉丝量，这对于个人来说是十分困难的，所以自媒体应该走向一个团队运营的时代，团队中要有专门负责运营、商务或者是渠道扩展的人员。

不仅如此，小程序时代的到来也不能使内容只是由简单的文字组成，图片、视频，甚至是 H5 页面都应该成为内容的基础形态，自媒体人应该在内容方面适当地增加一些元素，丰富基本形态。

6.3.3 实现社群内容和关系链的迁移

社群内容和关系链这两个方面对自媒体来说可谓是意义重大，甚至很多人把这两个方面的内容看作是自媒体的未来。社群内容和关系链可以通过小程序这一方式，平稳地迁移到微信上来，而公众号里的用户群一旦和小程序中的应用号相沟通，就会成为自媒体应用号的基础性宝藏。

自媒体由于只重视内容输出，粉丝则注重单向消费，二者的互动和反馈就比较少，这样就容易导致自媒体的目标用户不清晰，然后影响到他的内容上，这就是为什么很多自媒体收到风评时好时坏的原因。与此相对的是社群媒体，由于粉丝集中在社群中，社群拥有高互动性，而社群媒体的目标用户也就十分清晰，群成员对于写出的内容有了意见反馈，所以社群媒体产生的内容具有精准度。

自媒体在内容传播上非常受限，更没有办法实现全网传播，这是因为自媒体运行模式比较简单的缘故，自媒体没有社群来沉淀用户，往往更注重内容版权，只愿意自己的内容在自有平台上传播，因为其他媒体的传播对于自媒体来说无疑就是抢夺饭碗。如果有了社群传播，自媒体创作内容的传播就会在社群成员之间完成，传播的渠道也将更加丰富。

关系链对于内容来说是一个很好的载体，通过关系链的传播，可以促进内容传播得更加广泛。微信的社交关系链可以分为几个层次，一层是通讯录的好友关系,另一层是朋友圈的传播关系。当用户看到一个有趣的内容时,就可以把相关的链接分享给具体的某个好友,这是最基础的传播,虽然内容打开率很高,但是一对一的传播,传播效率并不高。而朋友圈的话就使得这个范围更加广泛,只要是微信好友都可以看到传播的内容,一旦用户再进行转发,那么这个内容就会被传播得更为广泛,所以说这个关系链能带来病毒式的传播效果。

自媒体构建社群内容对于未来的发展至关重要,而关系链又会促使内容的进一步传播,可以说这两部分内容对自媒体发展和改变都有着举足轻重的地位。小程序的到来需要自媒体实现对这两个方面的内容迁移,但并不是简单地复制迁移,因为每种生态都会有自己的规则,微信小程序和订阅号同属于微信生态,但平台和功能都大不相同,呈现在小程序中的内容不能是订阅号的简单复制,而应有自己的特色,适应自身的功能和平台。

实战篇

做一款小程序爆品

第 7 章

寻找资源支持

7.1　寻找靠谱的投资人

在明白微信小程序所带来的创业机遇后，相信很多人都想要抓住这个机会，做一个爆款小程序。对于创业者来说，前期的创业需要大量的资金支持，寻找到靠谱的投资人非常重要，尤其是在这几年出现了一种全民创业的风潮，而投资人的数量并没有过多地增长，在这种情况下，创业者更需要耐着性子寻找合适的投资人。

创业者在初期往往因为经验不足做出不当的选择，有的甚至会上当受骗，因此创业者在寻找投资者的时候需要擦亮眼睛，对于一些高高在上型、斤斤计较型、犹豫不决型等投资人要保持警惕，在选择投资人的时候也要注意以下几点：

（1）不要太在意名气，投资人的名气并不会给你直接的帮助，你需要的是最实在的资金资助。

（2）看投资人是否对这个行业有所了解，投资人如果真的愿意在某一方面进行投资，就一定会事先了解好这个行业的发展前景。对于小程序这个行业来说，投资人不仅要有钱，还要了解小程序这方面的知识。

（3）看投资人是否给你可靠的人脉资源，投资人往往也会给创业者一定的人脉资源，创业者应该看清楚投资人是否能给自己介绍到有用的资源。

一般来说，这几类投资人还比较靠谱：风险资本家、实业企业家、成功创业者、大企业高管。风险资本家是专业的投资人，一般都是自己掌握资金，当然他们由于是专业做投资，所以对于投资的标准就比较高；实业企业家之前是一个做实业的企业家，现在有了资金储备就成立了一家投资公司，像这种也比较靠谱；成功创业者是创业者应该重点关注的对象，这些人是一些创业成功的人士，他们由于是从创业中走出来，所以对创业者的艰辛更为清楚，往往更愿意对创业者给予指导。

7.1.1　制订详细的商业计划书

无论做什么事情都要有一个提前的规划，创业者在创业之前更应如此，制订一份详细的商业计划书对于创业者来说十分重要，它可以说得上是创业者行动的书面说明，更是整个创业活动的指导纲领，一些设想只有先想出来和写出来，才能有实现的可能性。

商业计划书也可以说是创业者的"纸上谈书"，但这里的"纸上谈书"绝不是贬义，因为商业计划书并不只是提供给创业者自己参考的，它还有一个重要的使命——获取投资人的青睐，通过商业计划书，把创业者的核心竞争力、市场机会、发展前景、回报等内容展示在投资人的面前，是打动投资人进行投资的最直接的工具。因此，制订好一份详细的商业计划书应该在创业者的思考范围之内。

当投资者拿到你的这本商业计划书时，你应该让投资者看到他们想要了解的内容，如你们的产品是什么、主要对象是什么、这个产品未来的发展如何、怎么实现盈利等，不需要向他们展示过多无用的细节，因为投资者不会完全根据一份计划书就会决定是否进行投资，所以计划书要有高度的概括性、针对性。一般情况下，商业计划书需要包含以下几个重要的部分：

（1）一份商业计划书首先应该描述的是商业计划，在描述这部分内容时不必占用过多的时间，以图配文字也是不错的选择。如果是已经成立公司的，需要先介绍一下这个公司的基本情况。

（2）介绍开发团队或者公司的管理层，创业者在这个部分应该描述出团队或者公司管理层的经验、成绩等，让投资人明白这个创业团队是比较有经验的、值得信赖的。

（3）描述这个产品的名称、特点、用途、痛点和技术等，比如需要做的产品是小程序，创业者就可以把小程序的基本情况介绍一下。

（4）介绍小程序的市场机会，投资人都喜欢拥有大市场的产品，因此创业者应该将小程序的市场前景，包括用户来源与用户参与度描述出来，让投资者看到创业者所开发的小程序的价值所在。

（5）介绍所创造的小程序的商业模式，这一部分内容就是让投资者清楚创业者如何从中赚钱，可以大致介绍一下其中的商业模式。

（6）介绍创作出一款小程序所需要的资金，在这一部分当中创业者应该描述出创业需要的具体额度，和如何计划使用这笔资金，大概多长时间能够实现商业目标进行盈利。

（7）所做小程序的风险因素，这一部分内容应该把创业时期的一些风险，包括市场风险、金融风险、经营管理风险以及各种突发性事件等列举出来。

7.1.2　计算开发一个微信小程序最少需要花多少钱

在网络上曾有人专门写了一篇文章计算开发一款 APP 需要花费多少钱，和文章作者一样很多人在开始的时候认为可能就几万元钱，但是等算下来才发现，一款 APP 从无到有至少需要六十万元，而对于一些复杂的 APP 则需要上百万元的资金。小程序一直强调可以降低创业者的成本，包括开发成本、推广成本，那么到底是不是这种情况，还需要根据核算才能确定。

不论是需要开发一款小程序还是 APP，都离不开一些内容。就拿小程序来说，需要考虑小程序的产品原型、IU 设计、前端开发、后端开发以及后台管理。小程序产品原型就是需要对小程序实现之前进行一个设想，考虑一下小程序各种页面布局和结构、页面的功能等。IU 设计也被叫作美工，是很多网站都必需的。小程序当然也需要一个赏心悦目的页面，这样才能令用户的体验达到最好。

前端开发就是把页面上的界面设计通过手机或者是浏览器等,用它们可识别的代码进行结构化表达,以便于终端能有精准而美观的显示。后端开发就是通过信息数据实现数据存储和对前端数据的承接。后台管理虽然一般用户看不到,但它也是不可忽略的一部分,只有后台进行管理,整个系统才能正常地运转。

在之前已经详细地介绍过微信给予小程序很大的技术支持,还给小程序创业者降低了门槛,所以开发出一款小程序过程就会比 APP 简单很多,对这几个部分的设计也会轻松很多,因此创造一款小程序的时间历程就会大大地缩短,需要的技术人员也会减少,下面就来大致计算一下需要的资金。

根据北上广一些工程师的待遇,按照最低的标准计算,人员资金如下:

产品经理:10 000 元 / 人 / 月;600 元 / 人 / 工作日;

UI 设计师:10 000 元 / 人 / 月;600 元 / 人 / 工作日;

前端开发工程师:15 000 元 / 人 / 月;800 元 / 人 / 工作日;

后端开发工程师:15 000 元 / 人 / 月;800 元 / 人 / 工作日;

测试工程师:10 000 元 / 人 / 月;500 元 / 人 / 工作日。

这些工程师所需要的工时保守计算情况如下:

产品经理:2 个工作日;

UI 设计:2 个工作日;

前端开发:3 个工作日;

后端系统架构及数据设计:1 个工作日;

后端接口及数据对接:4 个工作日;

后端开发 6 个基础管理模块:5 个工作日;

单元测试及产品完整回归测试：3 个工作日。

根据以上的工资水平和工时，大概每人月均需要 15 000 元，这是按照比较低的水平来算，加上中间的小细节，大致需要 2 万元。这和一款几十万甚至上百万元的 APP 来说，成本的确是大大降低了。

7.1.3　不仅要有钱，还要懂小程序

进行创业选择投资人的时候看重的无非就是投资人手中所握的资金，而资金也是创业前期必备的，俗话说没有钱的投资人不是好投资人，但是只有钱也并不是好的投资人。一个合适的投资人不仅要有足够的启动资金，还要了解他所投资的内容。因此，创业者在前期寻找靠谱投资人的时候，不仅仅要在意资金方面，还要看投资人是否了解小程序，从而提供给创业者一些指导。

这几年，创业者可以说是呈年轻化的趋势发展的，如陈欧在 27 岁的时候就创办了聚美优品，张旭豪在 24 岁时创立了"饿了么"，程维在 29 岁的时候创立了"滴滴打车"，还有许多"80 后"，甚至是"90 后"开始走向创业的道路。但是再比较之前的创业者，却与此不同，之前的创业者都是在拥有一定的商业阅历和人生经历之后才进行的创业，柳传志在 44 岁的时候创立了香港联想，王石在 33 岁的时候才组建万科的前身——深圳现代科教仪器展销中心。

创业者尤其是那些年轻的创业者，他们在创业时期面临的不仅仅是资金短缺，更多的是对于某方面的经验的不足。俗话说，吃一堑长一智，很多投资人往往在经历了很多事情之后，才能够了解到如何处理一些事情和如何避免某个陷阱，但这对于涉世未深的创业者来说，可能无法提前知晓，如果投资人能给予一定的启蒙，创业者们可能就会少绕弯子，最快地抵达成功的彼岸。

正如创业导师徐小平曾说过的，除了资金以外，投资人还应该给年轻

人提供一些价值引导和创业启蒙，因为对于一个创业者来说，经验和资源一样，都是不可或缺的一部分。所以，小程序创业者需要寻找的投资者不仅是能够提供资金支持的，还要能够对小程序有一定的了解，这样才会给创业者提供更深层次的帮助，在创业的过程中才会提出可行的指导性意见。从这个角度来看，其实投资者和创业者更像是合作的关系，而一个优秀的投资人对一个创业者会产生重大的影响。

7.2 寻找并肩作战的合伙人

在创业的过程中，有靠谱的投资人固然重要，而并肩作战的合伙人更是必不可少。和之前的创业总"一人打天下"不同，现在是合伙人的天下，创始人需要寻找能够在产品、技术、金融等方面和自己进行完美搭档的合伙人，只有与合伙人各司其职、并肩作战、共同进退，才能够打下一片市场。

合伙人在创业期间的重要性不言而喻，因此在挑选合伙人的时候创业者应该慎重考虑，尽量找一些自己比较熟悉的人，如图7-1所示。商业上的合作伙伴是首选，因为商业上的互动，使每个人对彼此有了很清晰的了解；工作中的同事也是一个不错的选择，由于在一起工作，不仅在工作上会比较默契，感情还会比较深厚；同学也是一个不错的选择，学生时代培养出来的感情是无可比拟的，而且对彼此也会比较熟悉。除此之外，还可以根据朋友的介绍、活动等途径寻找合伙人。但无论从哪种途径来寻找合伙人，其都必须得到自己的了解和信任。

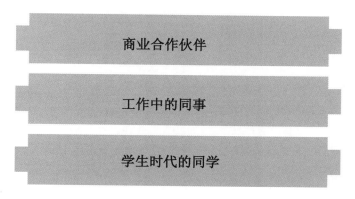

商业合作伙伴

工作中的同事

学生时代的同学

图 7-1　合伙人主要来源途径

7.2.1　必须有一个绝对领导者

乔丹曾经说过："一名伟大的星球最突出的能力就是让周围的队友变得更好"，一个绝对领导者的作用也应该是这样，通过一个绝对领导者，整个创业团队都会变得更加凝聚，这个领导者可能并不是每次都做出正确的决定，但是他必须被每一个人尊敬，这样的一个领导者在一支创业团队中必不可少。

其实只要是组建一支创业团队，就一定会产生这样的问题：谁是团队的绝对领导者？一个绝对的领导者应该被集体认可，团队对这个领导者施发的号令要选择服从，否则这个团队必然不会和谐。如果一个创业团队内部不和谐，会产生各式各样的问题，又怎么会走得很远呢？

所以说在绝对领导者的选择上，首先要使得每个人没有异议。创业团队经常的做法是把发起人作为绝对领导者，这一点也往往容易被其他人认可。比如新东方，俞敏洪先创立了这个品牌，有了一定的规模之后，找来了合伙人徐小平和王强，虽然徐小平和王强的能力也很强，但是由于俞敏洪在先，三个人当中的领导人当然是俞敏洪。

绝对领导者应该拥有领导力，以及领导人的格局，一个优秀的绝对领导者会使得整个团队变得异常凝聚、各司其职，甚至可以凭借个人魅力吸引到一大批优秀的人才，从这一方面来看，马云就是一个非常优秀的领导者。

阿里巴巴在创业初期，团队只有二十几个人，但是蔡崇信却放弃了百万美元的年薪选择了阿里巴巴，每个月只有 500 元钱，关于这个原因，蔡崇信这样回答："阿里巴巴特别吸引我的第一是马云的个人魅力；第二是阿里巴巴有一个很强的团队。1995 年 5 月第一次见面在湖畔花园，当时他们有十几个人。第一感觉是马云的领导能力很强，团队相当有凝聚力。如果把阿里巴巴这个团队和其他团队作比较，这个团队简直是个梦之队，这里有一些做事情的人，他们在做一件让我感觉很有意思的事情。做这个人生重大抉择时，没有非常理智的依据，更多地来源于内心的强烈冲动，我喜欢和有激情的人一起合作，也喜欢冒险！所以我就决定来了，如此而已。"阿里巴巴在初期就能吸引到蔡崇信这样的人才，无疑就是因为马云的个人魅力和个人能力。

即使在企业中领导者的地位也是非常明了的，除了阿里巴巴之外，还有小米、苹果、谷歌、微软等，这些企业即使已经进入到一个成熟发展的阶段，仍需要一个绝对的领导者来凝结这个企业的力量。所以，在创业初期，也要有一个绝对的领导者。

7.2.2　技术天才必不可少

现在人们都普遍认为，创业团队中需要有一个具备技术知识的人才，尤其是一些高科技方面的人才。一个优秀的技术人才可以领导团队的技术进程，对整个团队的创业进程做出贡献。现在有一种技术人才叫作 A+ 技术人才，这种技术人才是许多创业团队所渴求的。

A+ 技术人才是指那些具有积极乐观心态的成功技术人才，一支优秀的创业团队需要这样的 A+ 技术人才，这种人才可以保证整个团队的水平不会下降，以及保证很高的工作质量。A+ 技术人才有一个很明显的特征就是在遇到一些挫折的时候，不会一味地选择服从，而是有自己的解决想法。而且 A+ 技术人才能够保持自信和乐观向上的心态，即使遭受到一些打击，他们也不会就此萎靡不振，而是很快调整过来。A+ 技术人才在技术方面更是拥有高超的专业技术，能够做到以技服人。

A+ 技术人才是很多创业公司或者企业梦寐以求的人才，因此很多招聘公司为吸引这些人都会给予很高的头衔或者工资，A+ 技术人才也往往会因为这些条件而被吸引。当然如果创业团队在组建团队的时候就有了这样的人才就再好不过了，如果没有这样的人才，也要想办法去吸引一些这样的人才加入到自己的团队中。

对于一个创业公司来说，虽然不能给 A+ 技术人才开出很高的薪资，但是可以给予他们一定的高股份，把这些人才揽入到自己的合伙人之中，这样就能激励那些 A+ 技术人才与公司并肩作战，成为合伙人，而他们丰富的技术经验也会为公司解决许多技术难题，帮助公司更好地进行创业。

技术天才对于创业团队十分重要，但是也并不容易寻找，而对于小程序创业者来说，可能对技术人才的吸引上会更加容易。小程序的创业不同于 APP，中间需要开发多个版本，小程序在微信提供的基础上再去开发，在技术上已经简单很多，这对于技术人才来说也会更加容易些。而且基于微信这个大平台，肯定会有很多技术人才愿意尝试，所以，小程序创业者可能会更容易招揽人才。当然这对于那些本身就具有技术能力的程序员来说，就更不用发愁了。

7.2.3 产品营销人才

俗话说"酒香不怕巷子深"，但是在今天，即使是酒香，也怕深远的巷子，做好了一件产品如果不懂得营销使产品得到传播，那么也不会获得成功。尤其是对于一个刚刚起步的创业团队来说，因为没有大的知名度，产品营销人才更是必不可少。

很多人认为只要踏踏实实把产品做好，不需要营销也能获得成功，但是在如今这个时代，人们每天都会接收到许多信息，如果创业者再处于被动的角色，自己的产品只能是不为人所知。而谈论起营销事件的作用，就不得不提茅台酒。

在 1915 年的巴拿马万国博览会上，中国代表带着茅台酒进行参赛，但是在这个国际博览会上，与其他西方国家光鲜亮丽的参赛品不同，中国的茅台酒用土陶罐盛装，茅台酒首次参展且外表简朴在展览会上遭遇了忽视，很多西方评酒专家对茅台酒根本不瞧一眼。眼看着整个博览会已经接近了尾声，茅台酒似乎已无获奖的可能，中国代表灵机一动，假装失手打翻了一瓶茅台酒。酒瓶打碎之后，酒香四溢，立刻吸引了不少的看客。评委也在品尝之后认为茅台酒非常有特色，于是给茅台酒颁发了金奖。

如果没有代表人员的营销行为，茅台酒必然因它的外表而被西方评委忽视，但是一次小小的营销事件，就可以把茅台酒的优点表现出来，并且让更多的人认识到，从而得到一个公正的待遇，这就是营销的力量。

一个优秀的产品营销人才懂的不仅是技术，更会掌握客户的心理，知道如何才能推销出去。产品只有从生产出来再被推销出去才算一个完整的过程，一件产品被创造出来后就和技术没有太大关系了，而且只是完成了第一步，接下来就是凭借营销方式传递到客户的手中，而营销就是产品通往客户的必经途径。

对于一个创业团队来说，营销人才更是必不可少。新兴分享应用 Buffer 的联合创始人 Leo 曾这样表达自己对营销的看法：在创业团队里每个人都是一个营销人员。之所以这样说，是因为 Buffer 的前期有着很明确的职位分工，但是后来在宣传推广的时候，发现可能"头脑风暴"式的讨论方法能够获得更好的推广主意。Leo 的观点并不是真的让创业团队所有人集中处理所有事，而是在强调营销的重要性。

产品营销人才对于一个创业团队的后期发展有着至关重要的影响，只有做出的产品为人所知，才会有成功的可能性。小程序的创业也是如此，在这个 APP 极度泛滥的时代，功能、内容相似的小程序已经不能对用户产生极度的吸引力，倘若这个时候一款新开发的小程序，没有到位的营销，又怎么会被广大用户熟知并且去应用呢？

7.2.4　金融理财专家

对于个人来说，掌握一些金融理财知识来管理自己的资金非常重要，因为它可以帮助个人实现资金的稳定或增值。对于一个创业团队来说，金融理财也是相当重要的，因此，创业团队中最好要有一个金融理财专家。

大家都知道在创业期间资金的储备很重要，于是会为寻找合适的投资人而四处奔波，但是对于创业时的资金如何积累，如何进行最适当的分配却是容易被忽略的地方。其实创业者如果只是单纯地追求投资人的金融资助，过程辛苦不说，即使追到一些资金而由于没能进行专业的管理，也会导致资金链的不完整。尤其是当创业公司还没有把产品推向市场时，如何掌握住成本是非常重要的一件事。

其实在一些比较成功的企业里都会很重视一个管理活动，那就是对资金的管理。在做一个项目的时候，创业者能够看到这个项目的市场固然重要，但是如果缺乏必要的资金支持，也不会完成这个项目。优秀的创业团队都有一个共同点，那就是对于资金的掌控能力非常强，他们可以非常灵活地调用资金，这种掌控能力就来源于他们的金融理财能力，并且能够使这种金融理财能力运用到项目之中。

Bernd Schoner 曾经说过，"拥有金融人才是重要的，你要有人具备足够的处理数字的能力"，如果创业公司比较小，不能养活足够多的人时，即使抹去其他人的名字，也要保留那个懂得金融理财的人。

因此在一个创业团队中，必须具备金融理财方面的专家，只有这样才能够使有限的资金得到最有效的利用，当遇到资金问题的时候才能够更容易解决，调用资金时的风险才会降低，资金效益才会提高。

虽然小程序创业者在资金方面相比 APP 可能压力会小一点，但对于一般的创业者来说，还是需要投入一定的精力管理，用金融理财的专业知识去管理有限的资金，才会使每一笔资金都发挥作用。

7.3 寻找同业合作伙伴

在互联网创业时代，同业合作应该是大势所趋，互联网本身的资源整合性就很强，一旦进行合作，不仅可以避免恶性竞争，还能扩大自己的市场份额。但是需要注意的是寻找合作伙伴，一定要选择同品类但互补的企业，这样才能够发挥出更大的优势，对于一个创业团队更是如此。

同与自己并肩作战的合伙人不同，同业合伙人能够进一步扩大你的资源和事业。如果只是把创业时期的人际交往停留在身边熟悉的人身上，往往会陷入一个传播不佳的胡同里，而同业合作对于双方来说都是一个互利互惠的选择。

但是具体到寻找合作伙伴的时候，由于水平的差别，往往会出现一些问题。比如说，谁都想和知名的大企业合作，但这样的合作伙伴不一定能够看上你。还有一些同业合作伙伴可能也是由于处于创业期，缺乏管理和市场经验，在合作的时候二者遇到同样的问题，往往难以解决好。

企业在选择合适的合伙人的时候，一定要结合这个企业的定位、特色、综合实力等方面进行考虑，最好是能够确定多个潜在的合作伙伴，在选择的时候以自己的产品为依据，然后再综合评价合作伙伴的实力，看是否值得一起合作。

7.3.1　确定多个潜在的合作伙伴

大家通常会说：多一个朋友比多一个敌人要好，在商业上更是如此，同行业之间的竞争尤为激烈，毕竟"一山不容二虎"。但若是搞好同业之间的关系，确定多个潜在的合作伙伴，这样的话，竞争对手也很有可能会变成合作伙伴，变阻力为推力，从而为小程序的发展起到一定的推动作用。

多个潜在合作伙伴往往会给企业带来更多的选择性，在遇到什么问题的时候也能有退路。如果只是一味地依据资金多少就确定合作关系，而不认真地多参考几家，那么一旦双方达成一致，如果合作伙伴因为经验等方面的不足造成不良的后果，那么这个后果就会涉及两个企业。因此，先确定多个合作伙伴，给自己一个选择非常重要。

"三思而后行"在今天仍有重要意义，但是三思的一个前提是选择性，如果对于一个企业来说，只有一个合作伙伴，那么也不必多思考，因为没有思考的机会。只有企业面临多种选择，有多个潜在的合作伙伴时，才能够在这之间进行对比，然后根据本企业的实际情况来确定合作关系。但是对于一个创业初期的企业或公司来说，他们占有的市场、拥有的资金储备、技术人才往往都是比较薄弱的，他们眼中合适的合作伙伴，并不一定能够看上它，所以想要争取到多个潜在的合作伙伴也是非常难的一件事。因此吸引到同业合作伙伴，就要凭借创业团队的头脑和能力了。

企业寻找同业合作伙伴，一方面可以避免二者进行竞争，另一方面也是为了给自己提供一定的帮助，尤其是第二个方面对于企业双方来说十分重要。企业的每个行为都必然是为利益而考虑，选择合作伙伴更是如此。确定多个潜在的合作伙伴，才能为本企业赢得更多的机会。

7.3.2 根据自有产品选择合作伙伴

在确定了一些潜在的合作伙伴之后，就要在这之间选择适合自身的，变潜在为客观存在的合作伙伴。企业在进行选择的时候一定要根据实际情况而定，可以根据自由产品来选择，比如说本产品在某些方面有欠缺，那要寻找一个在那些方面比较擅长的合作伙伴。寻找到的合作伙伴，只有和自己有一定的差异性，才能取长补短，促进二者的共同发展。

在选择合作伙伴的时候，应该避免一个误区，那就是不顾理性地争夺话语权。有些企业非常喜欢话语权带来的愉悦感，若是找到一个和自己实力相当或者高于自己实力的企业，听从他们施发的号令时，就会非常不舒服，于是故意找一些比较弱势的合作伙伴，但是这样一来，虽然合作伙伴很"听话"，但是这种结果往往只能是你来帮助合作伙伴，而并非合作伙伴帮助你。如果真的遇到什么问题，企业丧失的机会更多。

通常情况下，企业的合作伙伴的关系可以分为四类，如图 7-2 所示。但无论是哪一种关系，对于企业自身来说，最重要的还是能够提供给自己一些资源。对于中小企业来说，由于自身产品线长而且品种又多，主要是以中低端产品为主，这个时候就应该选择那些有实力的批发型的合作伙伴。当中小企业的产品进入到市场后，要有大量的广告和促销行为，这就需要合作伙伴的批发能力。

在进行小程序创业的时候，无论想要做哪一个行业，其实都会有许多选择的余地，因为这个时期 APP 发展已经逐步成熟，小程序的发展可以更多地从 APP 的发展中去借鉴。在创业前期寻找到合适的合作伙伴，必将为自身的发展提供更多的机会。

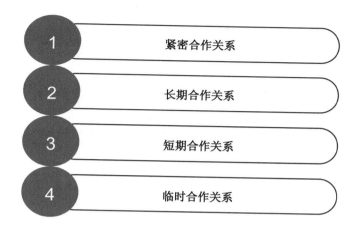

图 7-2　企业和合作伙伴之间的四种关系

7.3.3　综合评估合作伙伴的实力

既然和合作伙伴是一种互惠互利的关系，那么在选择的时候就首先要对合作伙伴的实力进行判断，正确地评价出企业的实力，才能选择一个合适的合作伙伴。因此在对合作伙伴进行评估的时候不能只依据某一个方面，而要综合考虑各个方面。

单凭某一个方面很难做出客观的评价，比如说一支正在创业的团队，这支团队虽然在资金方面还不是很充足，但是在技术上非常有经验，再去评价时就不能抓住资金方面斤斤计较，而是看和自己是否匹配。倘若自己的企业在资金上没有什么问题，在技术经验上反而有短缺，这两者的配合无疑就是互利的。

但是往往判断一个企业的综合实力的时候，考虑的不仅仅是资金、技术这两个方面的内容，可能还会有更多的方面。对于其他的方面，就需要创业团队自己去仔细考虑，看是否适合做合作伙伴。

首先要考虑到企业本身，比如说规模大小，商誉是否良好，经营状态怎么样；从企业内部来考虑，还要确定资金方面是否充沛，目前的财务状况是怎样的，企业内部有多少人，员工的素质怎么样，目前有哪些客户，与客户的关系维持得如何。除此之外就是企业产品的种类、特点，占的市场怎么样，能否为自己提供一些帮助。

另外，不仅要考虑这个企业自身的一些条件，还要考虑两者合作之后的事情。比如在合作之后，会有怎样的配合，能否遵守一定的条约，如果发生意外情况，两者如何调节，这都应该在考虑的范围之内。总之，在评价合作伙伴的时候一定要充分考虑到各个方面。

第 8 章

如何进行产品定位

8.1 产品特性定位法

拥有特点的人或物总是让人印象深刻,比如一提起玛丽莲·梦露就总会和性感相联系,提到岳云鹏总会想起他那"贱萌"的表情,提到薛之谦总会想起他的薛式段子。在企业上也是如此,很多企业家都绞尽脑汁地想要给自己的产品进行一个定位,最好是拥有特性的定位,这样在同类竞争的时候才能够被消费者记住。

产品特性定位,虽然强调的是一个定位结果,但重点在于如何使定位变得有特性。只要企业能够挖掘出自己的产品不同于其他产品的地方,并在这一方面进行营销宣传,使这个产品的特性深深地记在消费者心中,导致消费者在想要达到某个要求的时候,马上想到你的产品,这样就算是一次成功的特性定位。

一件产品若是没有品牌特性就不是一个成功的品牌,尤其是那些大家耳熟能详的品牌,都具有唯一性,企业家们费尽心思也要给自己的产品和某种特性加上联系,就是为了形成这种独一无二的唯一性。

从很多例证中可以看出,那些知名的企业在刚开始阶段不厌其烦地向人们讲述自己的产品具有怎样的特点,等人们普遍认同这种观点的时候,仍不会消沉,而是换种方式继续宣称这种特性,从而在人们的心中留下了难以磨灭的印象。当然最终目的是让用户在有需求的时候首先想到自己的产品,这也是产品特性带来的好处。

在给小程序进行定位时,也要抓住某一方面的一个特性,告诉人们它能带来什么样的帮助。如果创业者做出的小程序属于一个新的领域,那么就可以大胆地把一些功能和帮助传达给用户;若是小程序涉及的领域已经有很多人涉足，那么不妨重新定位，挖掘它另外的功能。

8.1.1　主动出击：我是谁，我凭什么让用户购买

一个有特性的产品总会让人们记住它，但是这种效果必须是在产品有了特性的定位之后。在每一种产品中都会有各种品牌，等待人们去发现它的优点不太可能，产品只能主动出击，告诉那些消费者：我是谁，我凭什么让用户购买。给出让消费者购买的理由，并且这个理由能够足够说服他们，产品在被需要的时候自然会被优先考虑。

曾经有一个广告火遍大江南北，那就是脑白金的"今年过节不收礼，收礼只收脑白金"的广告。其实脑白金是一种保健品，但是这个广告中并不是主要宣传它的保健功效，而是宣传为送礼时的礼品，如图 8-1 所示。这个广告在经过无数个版本之后，这句广告词可以说是刻在了人们的脑海里。而当人们真的需要拜访别人时，往往会想到这句话。看一下当时这个广告播出后，脑白金的销量就可以知道效果。时至今日，虽然广告已经逐渐减少，但是由于已经让人们记住了它，人们还是愿意购买它。脑白金就是清楚地告诉消费者自己的定位，给迷茫于选择的消费者一个明确的答案，因此才能形成自己独特的品牌。

图 8-1　脑白金广告带给用户的独特诉求

如果说由于产品为定位每天在人们耳边的轰炸使你难以辨别这种定位的作用，那么就可以想一下其他的行业。中国许多电影导演在拍摄的时候有着各自的风格，有一个典型的人物王家卫，王家卫式语言拍摄的文艺片应该说是让人印象深刻，把一件简单的小事掺杂上感情复杂地表达出来，文艺中不失伤感。可以说只看到一些电影镜头，许多影迷就能判断出是他的作品，王家卫镜头语言的独特性使他在电影节独树一帜。

在超市的购物架上摆放的商品五花八门，而超市又往往喜欢把同一种产品摆放在一起，如果企业在竞争中没有明确地告诉消费者自己是谁，有什么独特的作用，这样的产品即使被放在最前面，也会被消费者熟视无睹。而作为一个定位具有特性的产品，则会被消费者主动寻找，因为消费者在某一个特性方面已经认定了它。

企业在给自己的小程序打造一个特性的时候，首先就应该向用户清楚地介绍它，给出它一些别的产品所不具备的特点，告诉用户他们的某个需求只有自己的产品能满足。当消费者在主动去搜索你的小程序，而对眼前的同类产品不感兴趣时，就证明企业在产品特性定位方面已经成功了。

8.1.2　继续深化：宣扬这种独一无二的特性

在上一章节中已经谈论过产品要想赢得消费者的青睐，需要主动出击，告诉消费者自己的特点，说服他们进行购买。当企业已经做到之后，需要的是继续深化这种特性，宣传这种特性的独一无二性，给消费者一种感觉，认为只有你的产品才具有某种效果，才能满足自己的需求。

保洁公司的海飞丝在这一方面就做得相当出色，海飞丝把自己的洗发水功能定位于去头屑，使头发保持清爽的状态。但就洗发水来说，几乎每一种洗发水都有着去头屑的功能，但是海飞丝非常早地定位了这种说法，并且在一系列广告中，反复地去强调这种特性，使人们记住了"去屑实力派，当然海飞丝"这句广告语。一旦消费者有着头屑这种烦恼的时候，就会马上想到海飞丝，而不是其他的产品。

同类产品竞争一向很激烈，一旦产品有一个定位之后，就需要继续深化这种特性，让人们记牢你的产品，否则很快就会被人们忘记。在继续深化的时候，需要铭记的是要始终保持这种特性的宣传性，不能在前期告诉人们自己的产品具有某种特性之后，在后期告诉人们自己的产品还具有另外的特性，这样周而复始不仅不会让人们记忆深刻，还会让人有一种吹嘘的感觉。

不可否认，每一种产品都有各种特点，但是特性心理学带来的启示是有一种特性才能被人深深地牢记。给自己的产品定位某一种特性，然后坚持不懈地宣传并不会显得狭隘，反而会树立这种特性定位。企业如果想什么特性都兼顾，往往会造成一个后果，那就是让消费者知道你的名字，但是不知道你的产品有什么特点，你说什么特性都具备，只会让人们觉得你可能在每个方面都做得一般，没有什么太突出的特点。

在定位特性的时候一定要保持独一无二性，在同一个行业，毕竟是同性相排斥，如果在相同的领域，自己定位了一种特性是之前别人定位过的，很显然当人们有所需求的时候，肯定会优先考虑别人的产品。英国维珍航空公司给自己的定位就具有这种独一性——乘客可以在飞机中使用手机，这和大多数的航空公司都不同，这种定位必然让人印象深刻。

一款小程序的定位不单单是要看它的功能，更要注重开辟一种新的特色，在已经被多人涉足的领域已不具备优势，只有给自己的产品贴上之前没有的功能，才能让用户眼前一亮。

8.1.3　注意事项：以用户为中心，以产品特性为导向

在各种服务领域有这样一句话，叫作顾客就是上帝，产品诉求的特性必须都是顾客感兴趣的，否则他们不会埋单。因此企业在定位产品特性的时候，都是以用户为中心，以产品特性作为导向，这也是在产品进行定位

的时候必须要满足的要求。

大宝 SOD 蜜在前些年销量一直很好，主要原因在于有一个非常明确的定位。化妆品市场其实成本很低，但是真正把卖给消费者的价格降下来的却没有几个。大宝把目光聚集在了广大的工薪阶层，看到了这一潜在用户群，所以推出非常经济实惠的产品。而低廉的价格和不错的效果广受工薪阶层的欢迎，别的产品再想进入这个领域抢占市场就已经很难了。大宝的成功之处，是看到了潜在用户的需求，那就是实惠，于是把自己的产品定位为实惠的护肤品，抓住了用户的需求，当然能够赢得一片市场。

在手机上的各种 APP 有一个共同而显著的特点，那就是为用户服务，以满足用户的需求为己任，从而在这个基础上盈利。比如说，外卖 APP 的出现，就是为了给用户提供不出门也能享受美食的机会。在之前很多人想吃顿美食，自己又不想做，只能到餐厅去吃。可是随着生活各方面的便利，人们已经习惯了在各个方面保持一种"懒惰"的状态，出去吃已经不能满足他们的心态，他们往往会想如果不出门就能享受到美食该有多好。当有人看到用户这个需求的时候就推出了外卖应用，满足了人们潜在的需求。

在创造一款新的小程序的时候，也应该先去考虑用户是否在某些方面有需求。不同的人群即使在同一方面也会有不同的需求，因此可以针对不同的人群或者不同的方面进行考虑，把用户放在第一位，把他们的需求作为自己产品的特性，才能够做出一款广受欢迎的小程序。

8.2 抢占第一定位法

第一究竟有多大魅力，从每年的高考文、理科状元被广为人知，第二名、第三名却没有多少人知道就可以看出来。在许多用户的心里往往也会有一个先入为主的标尺，同一类谁先让用户记住，用户就认为它是最好的，再来的其他产品就不会再有这种感觉。因此，企业在给自己的产品定位的时候就要抢占住第一定位。

一谈起格力，人们往往只会想起格力空调，这是因为这个产品他们打得最响，也让许多人就单纯地认为，格力就空调做得比较好，其他的应该不怎么样。然而格力从电器界跨界做手机，董明珠还扬言销量要超过小米，结果也是草草结尾。因为在用户心中，格力做得最好的应该是空调，做手机可能并不专业。小米、魅族等手机早就在人们心中有了一定的位置，这个时候再来抢占位置，已经是不可能的了。

做一个新款小程序更是如此，如果没有强大的背景和基础，下不了大的本钱做宣传，那么如果做出的产品满足的特性在之前已经被补充，并且做得很好，那么显然就不能赢得用户。就好像一款新的购物 APP，它的各种特性和淘宝都很相似，如果只是一味地追求低廉的价格和各式各样的商品种类，没有其他特色的话，这个应用就不会被人们接受，因为已经有一款这样的应用，而且已经用得很习惯，何必再另外尝试一个并不普及的应用呢？

抢占第一需要做到三个方面，如图 8-2 所示。只有先认识到这个第一的重要性，才能抢先寻找出与众不同，继而建立某个方面的第一。但若是没有第一的时候，证明也是个好的征兆，因为没有第一才能够更容易地创造出第一名。

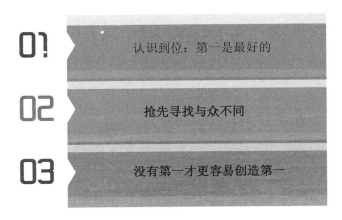

图 8-2　抢占第一定位需要做到的三个方面

8.2.1　认识到位：第一是最好的

在许多消费者心中都存在着这样的一个固定标尺：谁是第一，谁就是最好的。这个第一的固定标尺往往也会左右消费者的行为，进而影响到这个企业的市场占有率。所以很多企业都会抢先使用一种新的特性给自己的产品进行定位，为的就是保持这个第一。

高露洁在早期发现中国的牙膏品牌中没有防止蛀牙这一特性，于是抢先在中国推广。虽然佳洁士在美国先有了这个特性定位，但是在中国的市场晚了一步，一直没能在中国市场中夺回这个特性。宝洁公司的舒肤佳也是如此，它首先把自己的产品定位于良好的除菌效果上，其实学过生物的人都会知道，很多香皂都有除菌的效果，但是由于舒肤佳抢先占用了这个特性，给消费者的感觉就是他们的产品除菌效果好于其他产品。再有别的产品推出相同的特性后也不能改变这种情况。

其实这种第一并不见得有多好，但就是能够吸引众多用户，原因就是它的先入为主性。这也就是为什么在 APP 市场出现的新应用总是和之前的有所不同，而不敢轻易挑战在已有巨头领域出现的原因。

谈论起手机聊天工具，对于中国的绝大多数用户来说，使用最多的就是 QQ 和微信，尤其是 QQ，而微信其实是在 QQ 成熟之后，依然由腾讯推出来的。QQ 抢先进入到了中国人互联网聊天需求中，而聊天工具本身就具有特殊性，如果别人都不玩这个聊天工具，那么其他的用户自然不会选择这款聊天工具。对于那些大多数人选择的，则会聚集更多的人，这样就形成了"马太效应"，用户群多的聊天工具会吸引越来越多的用户，而用户群越少的聊天工具则慢慢变得更没有吸引力。因此 QQ 才能在这么多年的竞争中依然保持岿然不动的姿态，即使国外的很多工具想开辟中国的市场也已经是非常难的一件事了。

所以对于小程序来说，如何给自己的小程序安排之前没有过的特性，是创业者应该深思熟虑的问题，毕竟有了用户才能够有生存的可能。因此企业和创业者应该把目光放得长远一些，跳过已经饱和的用户需求，寻找出一种全新的特性定位自己的产品才能赢得用户的青睐。

8.2.2 抢先寻找与众不同

任何人都对"第一名"产生浓厚的兴趣，也因此会记得更加牢固。据研究表明，被消费者认为是第一的品牌占有的市场比排名第二占有的市场要多上一倍以上，因此很多企业定的都是抢夺第一的定位战略，寻找到一个与众不同的特性，这个特性就属于第一个挖掘的企业。

在之前的产品营销主要就是靠质量，甚至不需要营销，靠消费者的口碑打下江山。但是如今这个时代选择性太多，人们除了要看产品的品质之外，更要看产品带来的感情体验。就好像之前的汽车只是追求速度，但现在人们可能追求的是安全、舒适、身份象征等。所以这个时候产品必须让用户记住，并且在用户的心中留有独特的地位。

寻找到产品的与众不同，首先就应该重新认识自己的产品。虽然在同一类产品中，功能大都相同，但是总会有一些细小的差别，抓住这些细小的差别，找到某一突出的特征，在这个上面大做文章，就可以抢先形成自己的特性，有时候甚至会变弱势为强势。

Pampero 番茄酱是委内瑞拉的一个品牌，随着委内瑞拉市场的对外开放，致使一些世界级的番茄酱品牌进入了委内瑞拉，并且 Pampero 番茄酱的市场份额被抢夺了许多。但是对于番茄酱来说，原材料都是西红柿，能有多大差别呢？后来 Pampero 公司发现了自己公司的番茄酱和竞争对手的颜色并不一样，后来发现了这一原因，原来国际大品牌都是把西红柿整个砸碎做成酱，Pampero 公司则不同，他们是先把西红柿进行人工去皮然后再进行搅碎。Pampero 之所以这么做是因为没有自动化的生产流程，生产方式比较落后。但是 Pampero 却从中看到了其他的东西，他们把这种生产效率上的劣势进行重新定位，把纯手工去皮作为自己的一种特色。成效非常明显。在工业化盛行的时代人们对于最原始的生活方式保持着向往，而 Pampero 公司这种定位无疑就和其他的番茄酱品牌有了很大的不同点，这种与众不同性使顾客能够记住这个品牌，在购买的时候其实也是在购买一种情怀。

因为在竞争中会有排他性，这个排他性会导致两个品牌无法在顾客心中拥有同一个特性，如果一个品牌利用竞争对手的特性其实是非常危险的一件事情，因为这样往往会让用户联想到竞争对手。开发出一款新的小程序之前首先就应该考虑到这个问题，如果和竞争对手有很大的相似性，就要从细微的差别中寻找自己与众不同的地方，一定要突出自己的某一种特性。

8.2.3　没有第一才更容易创造第一

每个行业的第一名都是难能可贵的，但第一名从来不是很容易得到的，尤其是对于很多企业来说，其实真正困难的是发现一个未被使用的定位，然后打出这个独特的定位，这个时候在这个定位中，企业就成为第一名。所以第一名往往都是创造出来的，没有第一才能更容易地创造出第一。

国内感冒药市场中各种药品层出不穷，提供给用户的选择也是各式各样，但并没有一样能够有一个突破。但是感冒药白加黑却在上市后快速地占据了一定的市场份额，这主要就是因为它重新定位了感冒药。白加黑改变了传统的服药方式，以白天吃白片，晚上吃黑片作区分，也定位了自己的特色。在之前的感冒药中，很多人面临的一个副作用是白天吃了会发困，白加黑在普通感冒药的基础上，打出"白天服白片，不瞌睡；晚上服黑片，睡得香"的口号，这样的一个新定位肯定会给用户一个全新的体验。而之后的感冒药若是再以这种方式来定位，很显然用户就不会买账。白加黑在传统的服药方式上做出了改变，成为这个方面的第一名，这个第一名就是被创造出来的。

没有第一名其实是一个好的征兆，因为这意味着可待开发的定位场景有很多，企业只需要找出某一种独特的定位就可以完成一次转变。不要总想着跟在别人后面"捡"创意，除非企业产品拥有更好的品质才能打动消费者，否则的话只能被第一名的光芒所掩盖。一个有远见的企业家永远不会嫌弃没有市场，而是用创意创造出新的市场需求。

从这个方面来说，小程序其实有着巨大的潜力，不同于市场逐渐饱和的 APP，小程序还只是刚刚起步，还有很多内容需要填充市场，在这么一片几乎空白的领域去创造第一名可以有无数个可能性。

8.3 最新定位法

虽然定位对一个企业来说十分重要，而有一个确切的定位也是企业所不断追求的，但是产品的定位也并不是一成不变的，而是要有一个随时代变化的过程，一成不变只会陷入故步自封，难以随着时代的特点发展，而且人都是喜新厌旧的，如果产品不具备新鲜感，久而久之就会产生厌烦感，所以产品也需要有最新定位。

最新定位来源于时代的发展和科技的进步，当初一款大哥大、BB 机不仅能够成为 20 世纪通话联络的一个工具，更是身份的象征，但是在短短几十年的时间里，这些东西早已经不复存在，取而代之的是各种智能手机，而如今手机更是不再定位于简单的通话功能，而是用于视频、娱乐等。在这种新旧替换的过程中，产品在不断进步，而它的定位也在不断改变，其实这主要就是源于科技的发展。

企业在给小程序进行最新定位的时候，需要着眼于时代特色，不断推陈出新，更要主动地迎接这些变化，而不是被动地改变。最新定位法重点在于"新"，所以在进行定位的时候要追求速度，速度才能决定成败。

8.3.1　不断推陈出新

产品若是想随着时代的步伐不断更新，就需要不断生产新的产品类型，还需要不断推出新的理念和广告，从而在新时代的氛围之中，也能够让用户保持新鲜感。创新是一个企业发展的源泉，只有不断推陈出新，适应用户的需求和时代的发展，才能够在历史的淘汰中保持屹立的姿态。

不断推陈出新可以为企业带来新的利润点，在这一点上宝洁可谓是最有发言权的。今天人们的日用品几乎都和宝洁有关系，宝洁旗下的知名品牌有飘柔、海飞丝、潘婷、沙宣、玉兰油等，这些产品几乎囊括了整个超市货架，这样一个明显的好处就是，无论用户在这几个品牌中如何选择，其实都是在给宝洁带来利润，而且还会给消费者提供多种可能性。

在中国，养生堂也是其中一个代表，自 1993 年成立以来，养生堂先后推出了龟鳖丸、朵而、成长快乐、成人维生素、清嘴、农夫山泉、农夫果园等品牌，这些品牌都是随着市场变化不断做出的改变，而且跨越度非常大，但唯一不变的就是对健康的追求。因此养生堂发展的状态一直以来也是比较稳定的。

用户手机里的 APP 总是隔一段时间就会进行更新升级，也是这个道理。APP 的不断更新为的就是满足用户不断增长的需求，每一次的更新换代几乎都会带来全新的功能。以微博来说，微博从第一个版本一直更新到现在的 7.1.0 版本，中间更新了几十个版本，内存在不断扩大，而功能也在逐渐地增加。如图 8-3 所示，为微博的历史版本。

 版本4.0.1（更新时间2013-11-12 15:53:38）
★★★★★ **5分** 价格：免费 大小：14.70 MB
随时随地分享您身边的新鲜事。新浪微博的Android版手机客户端实现了：轻松更新浏览你关

 版本5.5.0（更新时间2015-12-08 14:38:39）
★★★★☆ **4分** 价格：免费 大小：35.6 MB
随时随地发现新鲜事！微博带你欣赏世界上每一个精彩瞬间，了解每一个幕后故事。分享你想表达

 版本6.3.1（更新时间2016-05-09 17:18:26）
★★★★★ **5分** 价格：免费 大小：50.52 MB
随时随地发现新鲜事！微博带你欣赏世界上每一个精彩瞬间，了解每一个幕后

图 8-3　微博历史版本

小程序在被开发出来之后，即使拥有一定的用户活跃量，也不能掉以轻心，接下来的工作则是应该对小程序进行完善。根据用户的需求和反映做出一些调整，加入最具现代化的因素，紧跟时代的热点和潮流，弥补漏洞，不断增加新的功能。

8.3.2　被动更新不如主动换代

对于企业来说，与其被动地选择更新倒不如主动去更新换代。因为自我淘汰从短期来看似乎是一种自杀的行为，但是用长远的眼光来看，其实是一种成长和蜕变的过程，而且唯一不变的是在整个竞争行业中一直处于主动的位置。

鸡蛋从外打破的是食物，从内打破的是生命，主动地去选择往往才会换来新生。人们通常会说，人最大的敌人不是竞争对手，而是自己。不向

竞争对手进攻，而是不断挑战自己，这仿佛是一个自取灭亡的道路，可以看出一个企业或公司主动否定之前的自己是需要多大的勇气。

通用电气有一项非常惊人的举措，就是会有一项专款专门奖励那些攻击自己弱点的黑客。这不是危言耸听，通用电气实施这一举措的原因在于考验自己的产品究竟有什么弱点，然后再对这些弱点进行弥补，这是通用电气主动寻求更新换代的表现。

曾几何时诺基亚手机还处于辉煌时代，在手机行业极度畅销，人们都以拥有一款诺基亚手机而拉风不已，耐摔、耐用的性能到如今都没有几个手机在这一点能与它相抗衡。但就是今天那些质量不如它、更新换代快的智能手机却击败了它。原因就是在于诺基亚没有紧跟时代的步伐，陷入了一个固步自封的境地，因此最终只能以倒闭收场。这种一时的辉煌就在于企业的初期定位准确，并且广受人群欢迎，但是保守思想和自负的心态导致他们以为可以经受时代的考验，不主动地推陈出新，只能被历史淘汰。诺基亚用自身经历给许多互联网企业带来了启示，更是敲响警钟，提醒着他们要时时跟随时代，主动需求改变。

小程序在这一点上应该和APP相似，都要有一个不断更新升级的过程，紧跟时代脚步，在探索当中发现小程序如何才能更好地满足用户需求，提升用户感受，才能获得一个更好的产品定位。

8.3.3　快人一步，速度决定成败

小程序对于APP来说有一个很显著的优点就是开发周期比较短，在有了一个好的想法之后，可能几天时间就把这个想法用小程序实现出来，缩短了几个月的时间，这对于今天以快取胜的互联网来说，速度可以决定成败，小程序扩大了这种成功的可能性。

对于企业来说，推出一款新产品，速度决定一切，如果不能快人一步地查得先机，就更不能抢先把这个新产品树立起自己的品牌。很多行业往

往都是靠洞察先机才能获得"第一桶金"，而意识越落后，获得的利润也就越少。

在如今英特尔公司依然能够在激烈的竞争中保持霸主地位，就是因为其更新换代的速度。和通用电气一样，英特尔具有忧患意识，不会等待着竞争对手来超越自己，而是把过去的自己当成竞争对手，挑战着自己的极限。凭借着技术优势，一直赶在对手的前面，因此才能够在市场上有着举足轻重的地位。

快一步很可能就是一个知识产权的诞生，慢一步很可能就是在步别人的后尘。有时候一个创意、想法可能每个人都能想到，但并不是每个人都会先想到，无数历史证明，人们往往只记得那个速度最快的人，得到赞扬最多的也是那个速度最快的人。

速度导致了第一定位的产生，也导致了后面的跟随者将会与第一名拉出巨大的差距，这个差距是后期很难弥补的，这也就是为什么说速度决定成败。

尤其是在小程序市场还没有饱和的时期来说，有一个很好的想法然后马上实现可能性非常大。小程序在如今来看仍有很大的可能性，如果抢得一个先机，提前实现出来，就已经赢得了一定的成功。

8.4　市场专长定位法

在之前的章节中已经介绍过，一个产品的定位必须是突出某一个特性，如果贪心想要抓住每个方面，用户反而更记不住你。人们对于企业的一些产品也是有着类似的观点，如果一个企业有一些特定的业务或者产品，那么人们就更容易记住这个企业，而且会把他理解为这个行业的专家，这种市场专长定位法往往会使一些公司或企业备受人们的信赖，从而使得这些企业在市场上处于领导的地位。

所以可以看出，现在虽然很多企业致力于很多产品或服务，但是他们往往会有自己的突出点，这个突出点是被大多数人所熟识的。比如说现在很多家电企业，他们往往以某一种家电为重点，做主要的宣传对象，而不是全部抓起所有的对象，因为他们知道如果什么都做反而让消费者记不住他们，做某一方面的专家，才能给消费者留下深刻的印象。

8.4.1　专注于特定业务和产品

人们往往会对有特点的人念念不忘，也会对有特色的企业印象深刻，企业要想让人记住，必须有自己特定的业务和产品，这个产品在整个企业中的地位举足轻重，而且也会在同类产品中脱颖而出。

一般来说，企业所选择的特定业务和产品都是企业早期发展起来的、具有一定基础的，因为这部分产品拥有的群众基础更为广泛，在推广的时候更容易得到人们的认同，还会赢得潜在的用户。当企业的某一特定业务或产品发展成熟时，就可以逐步推广其他产品来丰富企业。

现在一些比较知名的企业都会有一些特定的业务和产品，虽然他们的产品可能涉及很多方面，但一定会有最特色的内容。拿海尔电器来说，海尔电器有冰箱、空调、洗衣机、热水器、电视等产品，但是最为有名的就是海尔冰箱；美的也同样拥有几十种家用电器，但是最为有名的是空调。很多大企业虽然会全面发展，但是却有着重点的对象。这些重点对象在前期为企业赢得一些关注，而后又依据这个重点对象扩大企业规模。

在如今的 APP 市场也是如此，一款 APP 都会有多种功能，但是每一款 APP 又都会有自己的特色。QQ 最初的功能也是最为主要的功能就是聊天，而且聊天的对象在很大程度上是陌生人。QQ 这款聊天工具在中国市场中出现得比较早，因此时至今日仍然拥有庞大的用户群。虽然 QQ 经过很多次的升级，增添了很多功能，有了更多娱乐性质的作用，但是它在人们的心中就是一款聊天软件。

和 QQ 不同的是，虽然微博也可以进行私信聊天，但是它更大的功能在于资讯的传播和分享，而且速度上具有无与伦比的优势。这样一来二者虽然在功能上很相近，但是侧重点不同，当用户想要聊天的时候一般都会选择 QQ，而当想要了解最近发生的新鲜事的时候，就会选择微博，特定业务的不同不仅没有给自身发展带来限制，还使得二者并不会有直接的竞争冲突。

做一款小程序也应该有明确的定位，专注于小程序的某一项功能，把这个功能进行重点维护和发展，形成自己的一个特色，最好是能在同类产品中形成"专家"，这样就会带动整个小程序的发展。

8.4.2 以多胜少，做细分领域的专家

和上一部分专注做特定业务和产品不同，这个部分所侧重的方面在于企业内容的全面性，就是企业在内部涉及的方面非常丰富，这些丰富的内容可以更好地满足人们的需求，而这些企业做的就是细分领域的专家。

这种定位法直白地说就是统筹兼顾，而且这种定位法与上文提到的观点是相反的，而且对于这个定位的要求都是比较高的，一般的企业很难做好，因为它对一个企业的管理、资金、客服等方面有着很大的考验。

这个定位非常适合大型超市，在大型超市中只有品类繁多并且齐全，才能够更好地满足消费者的需求，赢得忠实的消费群体。比如美国的沃尔玛、法国的家乐福，他们经营的范围十分广泛，可以说这个超市几乎可以满足一个一般人全部的购物需求。一旦消费者发现这个超市能提供给他们更多的选择，以及满足更多的需求，他们就会习惯于这个超市的服务。所以沃尔玛、家乐福超市的这种多不是一件坏事，而是可以为自己赢来非常好的声誉，因此如今世界各地都有了他们的连锁店。

以多胜少，做细分领域的专家，侧重的是做好每一处细节，虽然在内容上涵盖的东西很多，但是每一部分都会被妥善处理好，因此和之前的特性定位不同，它是一个更倾向于完美的定位。

在做某些小程序的时候，需要这种定位法，现在越来越多的团购软件，集小吃、超市、快餐、电影等为一体，让用户有更多的选择，对于这部分内容，只有内容越丰富，细节处理得越好才能赢得忠实的用户。

细节决定成败，在这个定位当中正是突出细节的重要性。虽然拥有某方面特性定位的企业可能更容易让人记住，但是对于另外一些特殊的产品，只有数量越多，内容越完善，细节处理得越好才越能定位成功。

第 9 章

针对用户痛点做产品

9.1　挖掘用户痛点四大方法

想要赢得用户的迫切需求，这个产品就应该能抓到用户的痛点，针对痛点做出一系列的服务。所以每一款产品的诞生都不应该是贸然的，而是应该在看到用户的痛点，并且找到合适的解决办法之后才能产生。在这个基础上，可以说每一个痛点都是一个卖点。

如图 9-1 所示，这就是人们在生活中遇到的一个痛点，由于插排上的插孔距离较近，人们往往不能同时使用这几个插孔，这对于许多有多种充电需求的人来说，就是一个很大的痛点。不过，现在已经有越来越多的商家注意到这一痛点，并提出了各式各样的解决方案。

图 9-1　插排上的痛点

既然痛点是一款产品的落脚点，那么找到用户的痛点才是一切产品产生的前提。为挖掘用户的痛点，产品开发者可以亲身试用产品和竞品，在体验中发现问题；还可以对用户进行调查，从数据中发现问题；也可以和用户直接面对面交流，从用户的抱怨中发现问题；当然通过对用户的一系列观察，也可以发现用户的痛点所在。

9.1.1 亲身试用产品和竞品，从体验中发现问题

对于一件产品或服务，用户往往最先发现痛点所在，因为他们经过反复的亲身体验，对于这个产品或服务的优缺点有更直接的感受，对于它的痛点更是感受深刻。所以，小程序开发者在创造出一款小程序后，最好是能够直接地对这个产品进行体验，在体验中才能更深刻地领会到用户的感受。

如今很多的 APP 的产生就只是为了满足用户的某一个痛点，但是解决了这个痛点之后，就会吸引到无数的用户群。在很多针对大学生群体的 APP 创业者大都是以大学生为主，原因就在于这些大学生是最能直接体验到这些痛点的人。

超级课程表这款应用是正在读大二的余佳文发明的，之所以发明这款应用，就是因为他深切地感受到了很多大学生的痛点。大学里课程科目多，而且还需要在各个教学楼之间相互穿梭去上课，很多大学生常常忘记去哪儿上课，上什么课，而余佳文也有着同样的问题。虽然在超级课程表之前已经有了一些课程软件，但是那些课程软件还需要手动输入，十分麻烦，因此有了自己动手做课程表的想法，他的超级课程表一经推出，就被全国各地大学生广泛使用。

余佳文正是切身体验到了身为大学生上课时找不到教室和课程的这个痛点，在总结其他竞品的经验之后，才发明了受人欢迎的超级课程表，从这个方面就可以看出，只有设身处地地体验过，才能够更了解用户的内心，并且做出一个爆款产品。

小程序开发者在确定好做某一类小程序之后，要先看看已经存在这方面服务的其他小程序，对市场的这类产品进行一下整理，然后逐个进行体验，从其他产品中发现用户经常存在的痛点，然后在开发小程序的时候就可以解决这些痛点进而吸引到用户。当然在创作完小程序之后，还需要体验自己的小程序，看是否存在一些令用户头疼的问题，开发者通过自身的

反复体验，才能够准确地找到痛点，并且解决掉这个痛点。

9.1.2　进行用户调查，从数据中发现问题

用户永远是痛点的发现者，对于产品的开发者如果只是偶尔地进行体验，也不能体会到大多数用户在使用的过程中存在的问题。因此，对于小程序的开发者来说，在产品进入到市场之后，及时地进行用户调查，从调查到的数据中发现问题，也是一个准确找出用户痛点的好办法。

对用户进行调查，更多的是从侧面了解问题，在这个时候就要把握大局，从大数据上发现问题。数据虽然不能直接表现一些问题，但是稍加分析，就可以了解到用户的使用习惯。

快牙的创始人王晓东曾经说过，自己的亲身体验发现了用户在文件传输上的痛点，而经过在这个痛点上的不断研究，才使得快牙的活跃用户量达到千万。早在 2011 年，快牙就可以使用友盟统计分析平台，他们对用户的地域分布、活跃的时段和喜好等进行了深入的分析，从中了解到了最受人欢迎的版本和功能。比如通过分析快牙找到了自己的核心人群，并且了解到他们喜欢分享的文件形式，在了解到这些细节之后，快牙就开始有重点地进行推广。由于快牙一直以用户的需求为发展重点，它受到了许多用户的高度赞扬，在 2015 年度实用小工具 APP 中排名第四，如图 9-2 所示。

虽然这些数据并不能直接说明什么问题，但还是可以反映出用户使用的特点，从用户的喜好和习惯中挖掘隐藏的信息，才能够发现用户进一步的需求。一款小程序在推出一段时间后，也可以凭借着数据来发现痛点。通过一些专业网站提供的数据进行分析，找到小程序现阶段存在的问题，通过用户的评论，可以明确知道小程序存在的优缺点。针对这些客观反映来对小程序进行调整，使其不断满足用户的需求。

排名		APP 名称
1		WiFi 万能钥匙
2		最美天气
3		墨迹天气
4		快牙
5		我查查
6		天气通
7		365 日历
8		随手电筒
9		WiFi 连网神器
10		正点闹钟
11		51 万年历
12		中华万年历日历
13		WiFi 密码查看器
14		360 免费 WIFI
15		二维码扫描

2015 年度实用小工具 APP 排名

图 9-2　快牙在 2015 年最实用小工具中排名第四

9.1.3　与用户直接交流，从抱怨中听出问题

如果想要更了解一款产品的问题，就应该直接听取用户的意见。在与用户的直接交流中，通过用户的一些抱怨，产品开发者就可以知道用户遇到的问题。倾听抱怨是一个非常好的了解用户体验的一种方式，从用户的抱怨中很容易就找到被开发者忽略的痛点。

产品痛点不会主动找上门，并且不会一成不变，产品开发者只有与用户拉近距离，认真倾听他们的意见，才能够实现一个质的飞跃。海尔曾经听说过有一个农民客户反映海尔的洗衣机不能洗土豆，一洗土豆洗衣机就

坏。这样的问题可能换到一般人身上就会一笑了之，但是海尔却抓住了这一痛点，推出了适合农村洗土豆的洗衣机，扩大了农村的市场。

互联网时代使得生产者和使用者之间的距离更加小，企业想要了解到用户的痛点其实也会更加简单，不需要向用户设置非常死板的问题，即使是一些闲聊就能反映出问题，尤其是一些用户最不经意的抱怨，可能对企业来说才是找出问题的关键。

企业为了找出自己产品的痛点经常使用的一个方法就是添加一些用户为好友，尤其是那些典型用户，通过解决他们的问题，他们自然就会成为产品的忠实粉丝。而且在持续的沟通中，一些抱怨的用户总会给企业带来建设性的意见，因为这些抱怨声可能只是代表着某些用户的挑剔，但另一方面也反映了个别人的深层需求，一旦这些用户的需求被满足，那么对于普通用户来说，可能就会有更好的体验。

在做出一款小程序之后，也应该勇敢接受用户的吐槽和抱怨，把这些抱怨声看作是自己前进的垫脚石，攻克了用户反映的问题之后，就能够使自己的产品有一个大的飞跃。

9.1.4 观察用户行为，留意用户关注点

在很多时候，直接去询问用户的意见，用户给出的可能并不是最真实的想法，而这个时候就需要企业对用户进行观察，通过观察特定用户的行为，留意用户的关注点，就可以发现一些关键所在，从而做出更抓住人心的产品。

日本三得利公司曾推出一款罐装咖啡品牌，名叫 WEST，针对的对象是 20 岁左右的男性，做出的广告也是强调年轻、活泼，然而市场占有率并不高。后来经过调查，他们发现咖啡最主要的对象应该是中年劳工，如出租车司机、卡车司机、底层业务员。当公司对于其中一部分用户进行测试，让他们品尝微苦和微甜两种口味的咖啡时，结果表示大部分喜欢的都是微

苦的口味。但是经过后来公共场所的测试，他们发现大多数人喜欢的是微甜的口味，之前很多劳工的回答主要是有一种担忧，害怕自己承认喜欢甜味后，会被别人嘲笑不会品尝咖啡。

很多用户群体在接受调查的时候就与此相似，给出的答案往往受外界影响，因此并不能完全表明自己的立场，对于这种情况，企业应该从用户的行为中发现问题。用户的言语可以骗人，但是一般情况下，在他们最放松的时刻，他们的行为不会有所掩饰。

用户很多时候不经意间的表现也能反映出他们的需求，国外一家超市，把啤酒和尿不湿摆放在一起，而且啤酒的销量和尿不湿的销量是有一定关系的。原来这个超市发现，下班后来买尿不湿的人有很多都是男性，而在逛超市的过程中他们很有可能就顺便买瓶啤酒。而把啤酒和尿不湿放在一起后，无疑又会促进啤酒的销量。这个发现给顾客提供了便利，更带来最直接的发展。

对于小程序的用户群体，直接面对面交流的机会可能比较小，那么就可以根据反馈的数据来关注用户的关注点，对于这些关注点，再进行深入的分析和探索，就能够发现用户的需求。

9.2 以用户痛点为中心做产品设计

在上一章节中已经介绍到了寻找到用户痛点的四种方法，而在寻找到痛点之后，创业者和企业应该做的就是以这些痛点为中心，进行产品设计。这种有了用户需求的产品，在产生之后就很容易得到用户的认同。

根据很多生活经验，大家可以看得出那些越是能够解决用户痛点的产品，越是能够得到用户的认可。而且在当今时代，人们必需的产品已经越来越少，但是随之而来的人们的痛点也越来越多，这些痛点就成为人们亟须解决的新的需求，甚至在一定程度上可以说，一个痛点就是一个卖点。

在找到用户的痛点之后，首先还是需要站在用户的立场上思考问题，用户在使用的时候为了避免麻烦，开发者也应该少设置门槛和操作障碍，尽可能地方便用户的使用。最后再通过分析把这种痛点转化为一种功能、优化项，这样一来，一件产品就因用户的痛点而被完整地设计出来。

9.2.1　从用户的角度思考问题

一件产品最忌讳的就是以产品经理为中心，把自己当成了用户，从而把用户的需求换成了自己的需求。产品既然是以用户痛点为诞生的基础，那么很显然这款小程序一定要符合用户的心理，一定是站在用户的角度上思考问题，毕竟小程序的发展如何和用户有着直接的联系。

开发一款小程序最终面对的对象是广大的用户群，用户群的多少也决定了小程序的成功与否，而且对于开发公司来说，如果能够站在用户的立场上思考问题，就可以对一些功能进行分类，并且缩短小程序的开发周期，然后帮助创业者或者企业快速开发出让人满意的小程序。

和一款小程序非常相似的是，APP 也需要依靠广大的用户群体。APP 的开发面向的是不懂这方面专业知识的大众，这一部分大众中不仅有白领、学生，还有很多父母辈的，他们接受能力不能和年轻人相比，所以有些功能如果太复杂或者是太高级，他们反而会使用不好。对于他们来说，太过于简单的符号不一定能够看懂，整洁的界面、详细的介绍往往会更受他们的欢迎。如图 9-3 所示，比起那些不带文字说明的日历，加上一些具体的文字描述才能够使用户更好地了解。

一	二	三	四	五	六	日
27 龙头节	28 初三	1 初四	2 初五	3 初六	4 初七	5 惊蛰
6 初九	7 初十	8 妇女节	9 十二	10 十三	11 十四	12 植树节
13 十六	14 十七	15 消费者…	16 十九	17 二十	18 廿一	19 廿二
20 春分	21 廿四	22 廿五	23 廿六	24 廿七	25 廿八	26 廿九
27 三十	28 初一	29 初二	30 初三	31 初四	班 1 愚人节	休 2 初六

图 9-3　带有详细文字说明的日历更容易让用户明白

虽然一些大众 APP 的设计并不是很漂亮，或者有个性，页面也非常简单，但面对的是大众群体，还是会被大多数人接受，拥有不错的效果。因此，小程序开发者首先要在功能开发时就对所有的功能进行优先罗列，这样有了一个明确的先后顺序，就能够使开发人员按照之前的需求进行开发。而且开发出来的产品应该具备简单易懂的特点，毕竟用户不是产品专家，他们只想要进行简单的操作，然后满足自己的需求，对于那些太复杂的功能，在用户中的普及度不会太高。

9.2.2　降低门槛，减少操作障碍

用户对于一件产品的期望是更好地满足自己的需求，因此无论一款产品具有什么样的特性，都应该始终以服务用户为目的。这个目的性就使得所有的产品在设计的过程中，要尽量降低门槛，减少操作障碍，给用户的体验带来优化改进。

虽然 APP 呈现出一种细致化方向发展，但是它们的功能并没有设计得很复杂，而且还在一直寻找如何使用户得到更好的体验。因此，很多 APP 在用户使用的过程中，从自身体验和用户反馈中得到启示，使用户在使用时的障碍越来越少。

在很早以前，微信在发送图片时，就有了这样一个功能，相册里出现的照片并不是全部，而是经常查看的照片。微信的这一做法是想要减少用户的一些操作，出发点值得赞扬，但是结果并不完全像是腾讯料想的那样，有时候并不会给用户带来直接的便利。

这种功能在今天又被改进，如今微信聊天界面上又出现了这样一个功能，当用户在聊天的时候，返回去做了一个手机截屏，然后再回到聊天界面时，点击界面的"+"号，右上角就会主动跳出刚才截的照片，"你可能要发送的照片"，如图 9-4 所示。用户点击这个照片，就可以编辑发送，不用再去相册里寻找。和之前刚做了一张截屏，然后再辛苦地去相册里找相比有了很大的改进。微信就是通过减少用户的操作障碍，才使得用户体验得到了提升。

小程序的出现就是微信为进一步服务用户的结果，因此小程序在设计的过程中更要时时谨记方便用户使用。而且小程序自身内存的限制，使它只能利用有限的界面呈现出最核心的功能。所以小程序应该保持干净整洁的界面，简洁的功能设置，给用户选择的自由度，从而带给用户良好的体验。

图 9-4　微信聊天界面主动推送截屏照片

9.2.3　通过分析将痛点转换为功能、优化项

在发现了用户的痛点之后，以痛点为中心去设计或优化产品，这个过程并不是简单的过渡，而是需要有一个恰当的方式。分析应该是这个方式中非常重要的环节，通过分析才能将用户的痛点转换成功能、优化项，才能够真正解决掉这个痛点。

随着许多社交应用的普及，越来越多的人喜欢在这些应用上建立各种群关系，亲戚之间、朋友之间、同学之间、同事之间等，但有时候很多用户在一些群组并不活跃，但是这个群组内部的提醒就会严重影响到用户的生活。有多少人在忙着其他工作时，不停地被群里消息打扰？基于这个痛点，微信的聊天设置中就有了"免打扰模式"，用户在打开这个模式后，就不会再收到消息提示音，并且里面的消息还会为用户进行保存，方便用户以后的查询。

其实不仅这个痛点，很多产品的痛点都是在用户经过长期的使用后才发现，而这样的痛点如果不及时解决，就会降低用户的体验。而在发现了这个痛点之后，相关人员应该做的就是经过具体的分析，这个分析通常是停留在数据层面，集中在某一痛点，不会过分地扩大或缩小这个痛点的范围，只有这样才能有针对性地解决掉痛点。

虽然现在方便人们生活的应用越来越多，但是新的产品必然会带来新的痛点，许多应用也会导致一些新痛点的产生。小程序由于比较轻巧，可以针对其中的某一个痛点进行开发设计，在开发的过程中紧紧围绕这个痛点。而在开发完成一个小程序之后，也应该对用户做好后期的服务，及时接受用户的反馈，补充漏洞，及时发现痛点进行功能优化。

9.3 追求极致的用户体验

在互联网时代，产品的竞争力在于能否带给用户极致的体验，因此产品经理对待自己的产品不要有宽容的心态，而是要"斤斤计较"，不放过一点小的问题，追求极致的产品质量，给用户带来最为极致的体验。

所谓极致体验，只不过是相对来说，从客观上来讲，任何一件产品都不可能是完美无缺的，所以每一个开发者应该明白这一点。但是这里所说的极致就是尽可能地减少一些问题，对自己的产品要求要比用户高，才能够满足一般用户的需求。

核心功能是评价一款产品的主要依据，附属功能的良好体验则会带来一定的加分，二者之间也要协调好关系，核心功能要保持主要地位。产品如果能够在不断优化中，超出用户的心理预期，那么可以肯定的是，这个产品将会受到广大用户的好评。

9.3.1　核心功能是产品根本，附属功能是加分项

在之前的观点中，人们往往会认为越是功能多的产品，它的用途就越多，但随着人们的亲身体验才发现，一件产品还是应该做好最核心的功能，对于一些附属功能，在不威胁核心功能地位的前提下进行丰富，在一定程度上可以为这件产品加分。

核心功能可以说得上是产品的生存之道，除非是有了重大的改变，否则都不会在核心上出问题。而且如今的产品已经有了这样的改观：越来越注重功能的深度，而不是广度。一件产品如果没有完成核心功能就去开发其他功能，显然这个产品就不会有大的特色。只有把核心功能完成好，再以附属功能为辅助，才能给用户带来良好的体验。

在微信等其他社交聊天工具中，虽然这种应用是以聊天社交为主，但是还会有一些其他的功能，比如在发现页面中的购物、游戏，还有一些可以直接使用的第三方应用，但是根据微信对这些功能的布局可以看出，这些附属功能只是作为附加项，最主要的核心功能还是聊天，所以才会把核心功能的位置放在最显眼的地方。毕竟大多数人使用的还是核心功能，附属功能只有一小部分的集中用户，而且并不是经常被使用。微信的这个做法就使得核心功能和附属功能有了很大的区分。

附属功能并不是越多越好，因为太多的附属功能，不仅会造成页面的冗繁，还会给用户的选择带来困难。所以附属功能是在核心功能被满足后，适当地增添的内容。小程序由于轻巧，更加注重核心功能，在附属功能的满足上可能会比较弱。因此，小程序开发者更要处理好核心功能和附属功

能之间的关系。

9.3.2 优化产品，超越用户心理预期

若是一件产品能够超越用户的心理预期，满足用户潜意识里的需求，可以预测到这款产品肯定会受到用户的热捧。但是对于这样潜意识里的需求，可能连用户自己都没有注意到，对于产品开发者来说显然就更加困难。因此探究到用户的潜意识需求，才能给出超越用户的心理预期。

很多应用已经不仅是解决用户很明显的痛点，对于那些潜在的需求，也在尽心尽力地探求，腾讯在这一方面就做得很出色。腾讯注意到很多用户在离线状态下发送消息的困境，于是首创了离线消息发送，让用户可以不受网络限制发送消息，并逐渐推出各种小功能，如语音聊天、语音通话、视频通话等，很多新功能的推出都一次次地超越了用户的预期，给用户带来了更好的体验。就像马化腾所说的那样，用户都是"闷骚"的，他们不会直接告诉你自己的欲求，只有那些满足他们内心欲望的产品才会使他们完全满意。

给用户带来极致体验的目的是为了赢得更好的口碑，因为这样才能赢得市场。腾讯面对已有的成绩并没有停滞不前，而是更努力地发展优势，使其发挥到极致，从之前的群聊功能和传输功能，发展成离线文件传输、超大附件等功能。对优势进行深挖，可以进一步传播，并且远远超过用户的预期，从而使产品的口碑越来越好。

从情感上来超越用户的心理预期也是一件令人感动的事情。腾讯非常重视关心用户情感，做法也比较人性化。腾讯曾经有一款游戏在平台上运营了很多年，但随着其他游戏的涌现，使得这款游戏慢慢"退热"，最后腾讯关闭了这个游戏的运营。但是相关负责人仍没有忘记那些游戏中的老玩家，拜托合作公司照顾好这帮"兄弟"。其实一款产品或项目的下架很常见，但是在结束之后仍然对老用户念念不忘的确实不多，想必当年的那

些玩家对腾讯的好感会直线上升。

9.3.3 像乔布斯一样追求极致

乔布斯和很多商人不同的是，他们往往对于自己普通的产品能带来丰厚的利润就满足不已，但是乔布斯不会满足于此，而是在产品上追求极致，这也是他为什么总能给苹果开发出特殊产品的原因。

二度回归苹果之后的乔布斯，推出了一系列的产品——iPod、iPhone、iPad，每一款产品都给用户带来极大的惊喜。甚至在"果粉"心里，乔布斯创立的不只是一个品牌，更是一种生活态度。在很多人看来，这个世界因为乔布斯的追求极致而发生改变。企业如果能够像乔布斯一样追求极致，那么这个企业的产品就会使用户得到极致的满足。

如果想要追求极致，首先应该有一个强大的内心去克服一切困难。28岁的乔布斯在宣传即将上市的产品时，把当时行业的巨头 IBM 比作恶霸，公然挑战竞争对手的权威。这种做法在如今的广告中已经非常多见，可以说乔布斯开创了这一先河。但强大的内心并非是天生的，连乔布斯也是如此，只有经过后天的不断锻炼，才能获得内心的强大。

乔布斯曾经说过，生活中最好的和一般的事物之间通常相差 2 倍，所以他对合作伙伴还有员工的要求也非常苛刻。乔布斯曾透漏自己成功的秘诀就是选择一流的人才，一流的人才不仅具有强大的内心，还需要有成熟的心智和快速学习的能力。但是想要吸引到一流人才的首要条件就是，先把自己变成一流的人才。

对于乔布斯来说追求极致是一件持之以恒的事情，即使濒临倒闭，乔布斯也没有放弃这一追求。在 1996 年苹果面临着巨大的危机，此时的乔布斯为了追求极致，仍然买下 Next 的操作系统 NEXTSTEP，并回到了苹果的董事会。如果当时乔布斯没有在当时购买到 NEXTSTEP，就不会有今天的 Mac 操作系统。

乔布斯的完美主义使得他对待任何事情都是追求极致，而这份极致放在苹果上，就给用户带来了无与伦比的体验。所以，小程序想要带给用户极致体验，也需要开发者这种追求完美的心态，把追求极致当成一种常态，以挑战过去的自己为动力，才能创造出超越用户心理预期的产品。

第10章

小程序注册及开发

10.1 注册小程序流程

现如今应用市场逐渐饱和，小程序成为互联网行业很多企业和创业者的一次机会，不仅如此，基于微信这个强大的平台，小程序对于企业和个人来说，开发起来也更加方便。

一般情况下，开发一个小程序要先在微信公众平台上去注册，填写基本信息，包括名称、头像等方面的内容。完成小程序开发者绑定、开发信息配置后，可下载开发者工具，然后进行小程序开发和调试。在完成小程序的开发后，再进行提交审核，审核通过后即可发布。下面就来看一下注册小程序的具体流程和注意事项。

10.1.1 在微信小程序入口点击注册

微信小程序的注册入口和微信公众号一样，都是在微信公众平台官网。在进入到微信平台官网后，会有这样的一个界面，如图 10-1 所示。

图 10-1 微信小程序注册入口

点击右上角的"立即注册"就会跳转到另一个页面，如图 10-2 所示，界面中有订阅号、服务号、小程序和企业号四种选择。需要注意的是，微信小程序的注册对象有一定的限制，可以进行注册的对象有企业、政府、媒体以及其他组织、个人，可以看出小程序这个平台是非常开放的。

图 10-2　微信小程序注册页面

直接点击页面中的"小程序"，系统就会跳到填写小程序基本信息的页面，如图 10-3 所示。

图 10-3　微信小程序填写基本信息页面

10.1.2　填写基本信息

在到达小程序的注册页面后，就需要填写一些基本信息。首先就要先填写邮箱和密码。每个邮箱只能注册一个账号，并且是未注册过公众平台、开放平台、企业号、未绑定个人号的邮箱，在填写好密码和验证码之后，登录邮箱可以查收到激活邮件，点击激活链接。

点击激活链接后，可以继续下一步的注册流程。如图 10-4 所示，选择主体类型，进一步完善主体信息和管理员信息。

主体类型　如何选择主体类型？

企业　　　政府　　　媒体　　　其他组织

企业包括：企业、分支机构、企业相关品牌。

主体信息登记

企业类型　　○ 企业　○ 个体工商户

企业名称

需与当地政府颁发的商业许可证书或企业注册证上的企业名称完全一致，信息审核审核成功后，企业名称不可修改

营业执照注册号

请输入15位营业执照注册号或18位的统一社会信用代码

注册方式　　请先填写名称

图 10-4　选择主体类型页面

企业类型的账号有两种验证方式，一是用公司的对公账户向腾讯公司打款来验证，打款信息将在提交主体信息后可以看到；二是通过微信验证主体身份，需要支付 300 元的认证费用，而且在认证通过前，小程序的部分功能暂时无法使用。政府、媒体、其他组织类型账号只能使用微信验证主体身份，并且在认证通过前，小程序部分功能暂时无法使用。

然后在微信认证入口登录小程序，对一些内容进行设置，如图 10-5 所示。

小程序头像		一个月内可申请修改5次 本月还可修改4次	修改头像
二维码			下载更多尺寸
介绍	仅用于测试	一个月内可申请5次修改 本月还可修改4次	修改
微信认证	未认证		详情
主体信息	么么嗒嗒	企业	详情
服务范围	出行与交通 > 市内公交	一个月内可申请修改1次 本月还可修改1次	详情

图 10-5　微信认证界面

接下来需要填写管理员信息登记，如图 10-6 所示。

管理员信息登记

管理员身份证姓名

请填写该小程序管理员的姓名。如果名字包含分隔号"·"，请勿省略。

管理员身份证号码

请输入管理员的身份证号码，一个身份证号码只能注册5个小程序。

管理员手机号码　　　　　　　　　获取验证码

请输入您的手机号码，一个手机号码只能注册5个小程序。

短信验证码　　　　　　　　　无法接收验证码？

请输入手机短信收到的6位验证码

管理员身份验证　请先填写政府全称与管理员身份信息

图 10-6　管理员信息登记页面

　　管理员信息登记完成后，点击"继续"按钮，会出现一个提示"主体信息提交后不可修改"，如图 10-7 所示。

提示

主体信息提交后不可修改

主体名称：深圳市腾讯计算机系统有限公司
主体类型：企业

该主体一经提交，将成为你使用微信公众平台各项服务与功能的唯一法律主体与缔约主体，在后续开通
其他业务功能时不得变更或修改。腾讯将在法律允许的范围内向微信用户展示你的注册信息，你需对
填写资料的真实性、合法性、准确性和有效性承担责任，否则腾讯有权拒绝或终止提供服务。

确定　　　取消

图 10-7　"主体信息提交后不可修改"提示

点击"确定"按钮，就可以完成注册流程。需要注意的是，选择对公打款的用户，根据页面的提示向指定的收款账号中打入指定金额，并且在 10 天之内才会有效，否则注册就会失败。

在完成整个注册流程后，就可以重新回到"微信公众平台"网登录，选择对公打款的用户在完成汇款后，就可以补充小程序的名称信息，上传头像等内容，填写小程序介绍并选择相关的服务范围。而通过微信认证过的用户，在完成微信认证后才可以补充小程序的名称信息和上传头像，填写小程序介绍并选择服务范围。

10.1.3　完成开发者绑定

在填写完整小程序的基本信息后，再次登录微信公众平台小程序，进入到用户身份"开发者"，新增绑定开发者，如图 10-8 所示。已经认证过的小程序可以绑定 20 个以内的开发者，没有认证过的小程序绑定个数不能超过 10 个。

图 10-8　小程序绑定开发者页面

接下来进入到"设置"中的"开发设置"，获取 AppID 信息，如图 10-9 所示。

图 10-9　小程序获取 AppID 信息页面

接下来的内容就是下载小程序开发工具，进行小程序开发，这一部分内容将在下一个章节中具体讲述。

10.1.4　提交审核和发布

微信小程序提交审核的步骤如下。

步骤一:上传代码

小程序在开发之后,就可以进行审核和发布,首先应该做的是 release 版本代码上传至小程序在公众平台的后台。

(1)打开微信开发者工具,使用项目管理员的身份登录。

(2)打开需要提交新版本的项目。

(3)点击左侧栏"项目"。

(4)点击"最后上传时间"右侧的"上传"按钮。

(5)管理员扫码确认身份。

(6)填写版本号、项目备注等内容。

(7)确认无误后,点击"上传"。如图 10-10 所示。

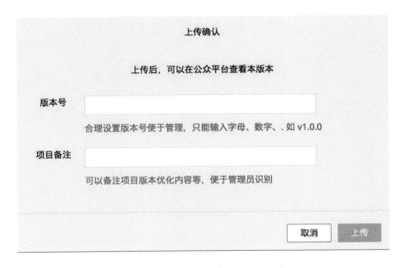

图 10-10 微信小程序上传确认界面

点击上传之后,release 代码会上传到小程序后台的"开发版本"中,特别需要注意的是,开发版本中只能有一个版本的代码,新的上传操作会代替之前的代码。

步骤二：进入审核页面

进入微信公众平台，并使用小程序账户登录，使用管理员微信扫码验证后，进入后台，点击左侧"开发管理"。如图 10-11 所示。在下拉页面找到"开发版本"一项，点击左侧的"提交审核"，使用管理员微信扫码验证并确认声明后，小程序就进入了审核资料提交页面。

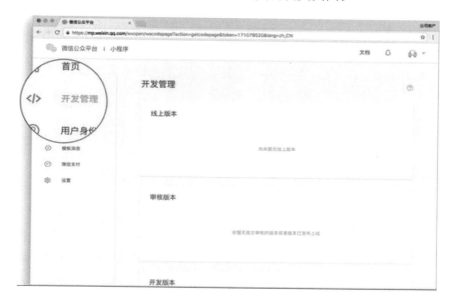

图 10-11　微信小程序审核界面

步骤三：填写审核资料

审核资料提交表单共分为"绑定测试号"和"配置功能页面"两个部分。对于"绑定测试号"这一项微信官方这样说明：该微信号将提供给微信审核人员审核微信小程序时登录使用，微信号需能够体验小程序的全部功能，请勿使用常用微信号扫描。如果小程序不带有账户体系，可以跳过此步骤。

下面就进入到"配置功能页面"，在这一步，可以为小程序添加索引，以帮助用户分类检索小程序的相应服务页面。填写页面功能有以下两种情况：

（1）如果小程序只实现一种功能或服务：只需要选择主页，填好标题和标签，并在"所在类目"一项中填写小程序的服务范围。

（2）如果小程序需要实现多种功能或服务：需要为实现每一种服务的主页，分别进行信息填写和服务范围标注。值得注意的是，在审核时登记的服务范围，同时也需要登记在公众平台中（可以登记多个）。

在提交审核之后，就可以等待审核结果了。管理员可以通过小程序后台页面右上角的小铃铛图标，检查审核结果。当审核通过之后，接下来需要开发者手动点击发布，小程序才会发布到线上提供服务。

10.2　小程序开发步骤

微信小程序在进行注册之后，就可以在原有技术基础上进行开发，小程序开发可以说是小程序中非常重要的一个环节，中间的过程也比较烦琐，先要下载和安装开发者工具，然后创建项目，并对这个项目的代码进行解释。在小程序页面文件构成上进行页面配置，最后在预览无误后，就可以进行体验这个新开发的小程序，下面就来具体看一下这几个方面。

10.2.1　下载微信小程序开发者工具并安装

进入到微信小程序开发的全部官方文档中，找到下载地址进行下载，下载完成后再进行安装。安装之后就可以打开这些开发工具，初次打开需要使用微信扫码登录，如图10-12所示，用手机微信扫一扫就可以确认登录。

图 10-12 微信小程序登录界面

10.2.2 创建一个项目

登录成功后，如果是第一次使用开发工具，就会弹出一个创建项目的窗口，如图 10-13 所示。

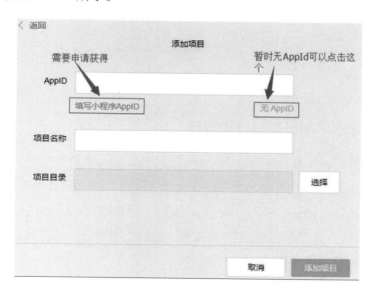

图 10-13 微信小程序创建项目窗口

181

在创建的过程中，如果选择的本地文件夹是个空文件夹，系统会有一个"在当前目录中创建 quick start 项目"复选框，为的是方便初学者了解微信小程序的基本代码结构。然后勾选这个选项，开发者工具就会帮助我们在开发目录里生成一个简单的 demo，如图 10-14 所示。

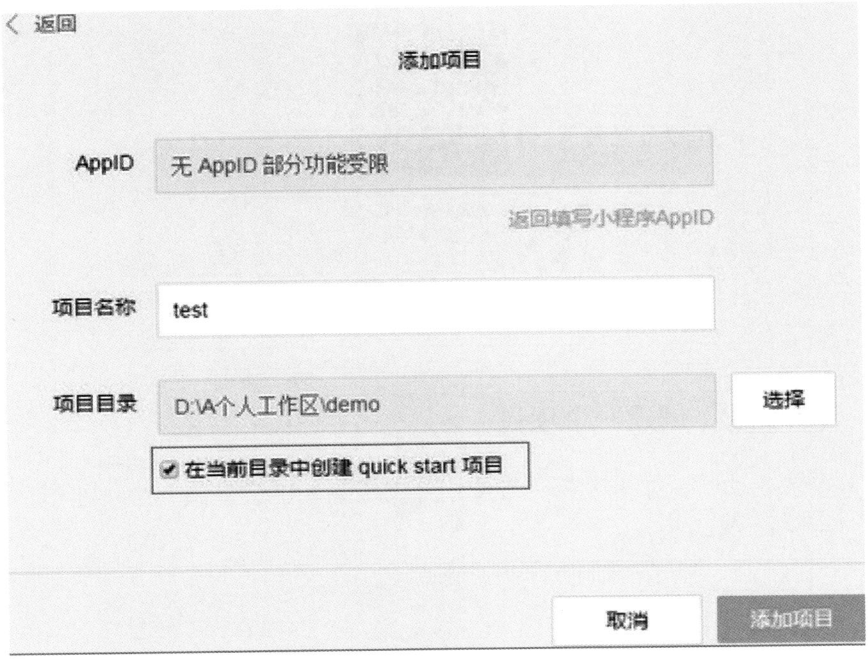

图 10-14　微信小程序项目添加界面

10.2.3　项目代码结构解释

点击开发者工具左侧导航的"编辑"按钮，就可以看到这样一个项目，如图 10-15 所示。这个界面中已经包含了一些简单的代码，最关键的就是 app.js、app.json、app.wxss 这 3 种，.js 后缀的是脚本文件，.json 后缀的文件是配置文件，.wxss 后缀的是样式表文件。微信小程序会主动读取这些文件，并且生成小程序的实例。

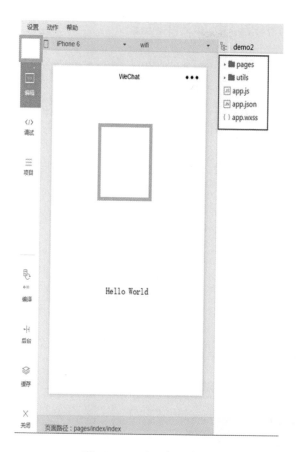

图 10-15　项目代码界面

下面具体介绍一下这 3 个文件的功能，以方便修改自己的微信小程序。

（1）app.js 是小程序的脚本代码。这个文件可以监听并处理小程序的生命周期函数、生命全局变量，并且调用框架提供的丰富的 API。

（2）app.json 是对整个小程序的全局配置。可以在这个文件中配置小程序是由哪些页面组成，并且配置小程序的窗口背景色和导航条样式，配置默认标题，但是这个文件不能添加任何的注释。

（3）app.wxss 是整个小程序的公共样式表，在页面组件的 class 属性上直接使用 app.wxss 中声明的样式规则。

10.2.4　小程序页面文件构成

在上一部分中，如图 10-15 所示的方框内，除了 app.js、app.json、app.wxss 三种文件，还有另外两个文件夹，一个是 pages，另一个是 utils。utils 是存放通用工具类方法的一个文件夹，pages 是存放所有页面的文件夹，下面重点讲一下这个 pages 文件夹。

index 页面和 logs 页面，即欢迎页和小程序启动日志的展示页，它们都在 pages 目录下。微信小程序中的每一个页面的"路径 + 页面名"都需要写在 app.json 的 pages 中，且 pages 中的第一个页面是小程序的首页。

每一个小程序页面是由同路径下同名的四个不同后缀文件组成的，如 index.js、index.wxml、index.wxss、index.json。.js 后缀的文件是脚本文件，.json 后缀的文件是配置文件，.wxss 后缀的文件是样式表文件，.wxml 后缀的文件是页面结构文件。

这个步骤的部分内容运行结果如图 10-16 所示。

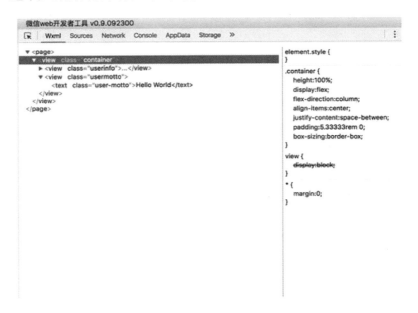

图 10-16　页面文件运行结果界面

10.2.5　获得 AppID 权限，进行手机预览

在完成所有的开发工作之后，点击左侧菜单栏选择"栏目"一项，点击"预览"，通过扫码就可以在微信客户端中体验，如图 10-17 所示。

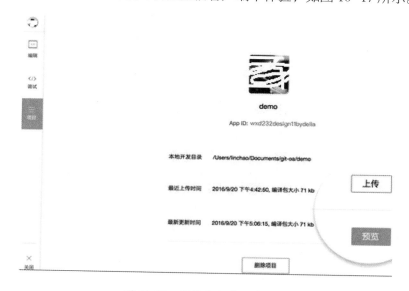

图 10-17　微信小程序预览界面

但是在预览前需要获得 AppID，如果没有获得 AppID 权限，需要回到开发者工具中绑定开发者，然后获取 AppID 权限。

10.3　小程序生成三大平台

在上面的章节中，介绍的都是帮助企业或个人直接开发小程序，但是从 PC 网站、原生 APP 和 HTML5 的发展历程来看，首先到来的应该是定制开发，然后是批量生成规模。目前已经有企业在布局小程序的快速生成平台，就是通过拖拽化创作模板生成小程序。而这种方式对于那些不懂程

序的人也有了一个进行开发的机会。

在微信小程序中已经生成了三大平台，分别是青雀应用平台、即速应用、小云社群，这个章节就来具体介绍一下这三大平台。

10.3.1 白鹭时代创建青雀应用平台

白鹭时代是中国的一家致力于 HTML5 引擎技术和工具研发的技术平台公司，作为与国内第一批互联网站长共同成长起来的创业者，张翔非常了解企业在移动互联网的困境和需求，因此推出了青雀移动应用平台。青雀移动应用平台就是为了解决用户在移动客户端的困境，为他们提供解决方案，为企业进军移动市场提供零门槛的服务。

青雀平台可以向各个垂直行业提供可拖拽化创作的模板，而且还支持定制功能，可以为用户打造使用效果能与原生 APP 抗衡的应用。不仅解决了企业在移动市场同质化和功能不全的问题，还支持一件打包的功能，可以使 APP 发布到各个应用商店中，制作的 HTML5 广告也接入了超过1 000 家的推广渠道。企业可以在平台内"一站式"实现应用开发、上线运营以及推广，可以让企业真正做到创业零门槛。

在微信小程序进行内测阶段，白鹭时代就宣布在青雀平台中支持小程序开发，白鹭时代认为未来的互联网发展模式是"不超过 20 个超级 APP ＋无数个 WebAPP"的组合模式，会出现一些巨头 APP，然后其他的都是WebAPP，这也是白鹭时代支持微信小程序的原因。

当然微信小程序也推出了官方的开发者工具，但白鹭时代不担心会和自己平台推出的工具相冲突，在张翔看来，微信官方提供的是标准化的，显然这不是微信的重心。所以对在青雀应用中推出小程序第三方服务有着很大的信心。而且青雀小程序平台有着非常显著的特色，可以带给企业不一样的服务。

青雀小程序平台基于 HTML5 技术架构，具有以下几种平台特色：

（1）快速创建小程序；

（2）快速创建轻应用；

（3）有专业的小程序开发者论坛；

（4）Discuz! 论坛一键转化移动 APP；

（5）可以定制小程序。

这些特色功能能够帮助企业、创业者等人在第一时间抓住微信小程序这波红利，青雀平台内部提供专业的积木式模板，音乐、视频、图片等功能都可以通过简单的拖拽完成，开发者可以在这个平台中快速地创建一个小程序。由于青雀平台能提供定制化的模板，所以可以在很大程度上降低开发的成本和时间，当然平台中还具有个性化配置，可以为企业提供深度的定制，从而给用户带来更好的体验，如图 10-18 所示。

微信小程序搭建工具

集成小程序所有组件，无需编写代码，在线进行小程序UI可视化设计，支持Flex布局，
可导出符合小程序标准的代码供后续开发。

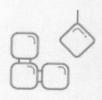
积木式搭建
采用"所见即所得"的积木式编辑，节约小程序开发及设计成本。

个性化配置
丰富的行业模板，功能组件完美接入，与自身业务无缝贴合。

代码合规
提供小程序包下载，轻松配置微信小程序IDE。

图 10-18　青雀平台提供的微信小程序搭建工具

青雀中的微信小程序作为国内最大的小程序交流平台之一，给许多开发者提供了小程序开发交流的机会，无论是开发者、创业者还是中小型企业，都可以在这个平台中查找、交流以及分享关于微信小程序的相关问题，这个平台对小程序的推进也起到了一定的作用。

10.3.2　深圳咫尺网络成立即速应用

即速应用是深圳咫尺网络推出的平台，是在 2016 年 3 月成立的一个微信应用号开发工具。微信小程序在发布一段时间后，越来越多的中小企业正在尝试着进入到这个新市场中，然而如果没有专业的技术作支撑，很容易错过这个发展的机会。在这种情况下，咫尺网络推出的小程序开发工具即速应用就可以为这些企业或个人提供帮助。截至目前，即速应用已经帮助数百个小程序成功上线。

制作简单是即速应用平台最大的特点，在即速应用平台，可以实现制作工具界面的可视化拖拽，不需要制作编程，也不需要程序员就可以进行开发。内部拥有各个行业的 APP 模板，可以一键生成小程序，对于企业来说，制作起来非常方便，而且还节省成本。

对于没有专业技术的人来说，即速应用也可以帮助他们快速实现开发。在登录进入即速应用平台官网之后，选择"立即制作"就可以立即进行小程序的制作。"空白模板"可以进行自定义制作，主题模板则是有固定的主题，可以直接套用。之后的步骤就是根据各种提示和自己的要求进行编辑，选择"发布"后就可以生成小程序，最后点击"小程序打包"就可以生成小程序代码，然后上传到微信官方后台的开发者工具中，就可以实现小程序的对接。

即速应用平台覆盖广泛。小程序由于不是单独存在的 APP，所以不需要区分安卓、苹果等版本，而即速应用中生成的小程序也是如此，只借助微信的社交功能，就能够实现对手机各个平台的覆盖。

并且即速应用生成的 APP 都有着自己独立的后台，企业只需要在后台进行简单的管理，就能够使得前端的内容实时更新。CRM 管理系统还会对用户进行管理，企业可以随时掌握用户的行为。后台还可以进行自定义管理商品，即速应用提供整套订单处理系统，能让电商企业轻松地统一处理。总之，强大而独立的后台可以为企业在管理上提供很多便利。

10.3.3　小云社群提供小程序自助制作工具

小云社群是由北京光音在 2008 年成立的，主打就是"云管端"等软硬结合的解决方案，目标群众是各中小型商户，可以为他们提供虚拟门户、WiFi 网络、运营管理、大数据营销等业务。小云社群推出的社群小程序能够为中小企业或个人创建一个便捷的微信小程序，同时建立一个具有凝聚力的社群，开辟一个获取巨大流量和用户的运营渠道。

小云社群中的小程序有四大功能特点：个性化编辑器、完善的用户系统、一键生成、丰富的功能模块，最关键的一点是零门槛制作，"没有技术门槛，适用所有"小白用户"，免去了漫长的开发时间和高昂的成本"。

个性化编辑器具有模块化的编辑方式，可以使用户灵活地进行自定义，打造专属于自己的"小程序"，并且满足各项业务的需求。这种灵活性操作虽然很强，但是开发难度却被大大地降低。

一键生成，支持微信公众号和 DZ 一键转小程序，内容、用户同步搞定，可同步生成手机 APP 和移动微站，达到一举多得的目的。

完善的用户系统，可以独立进行注册、微信授权数据同步，并配有多种社交功能，针对不同的运营者的要求，能够帮助运营者进行多元化的会员增值服务，大幅度地提升用户的活跃度和用户黏性。

丰富的功能模块，这个功能中配有图文、社区、话题模块，可轻松组件阅读、评论、发帖、话题关注等功能。轻门户和微论坛两种模式，不仅能够满足运营者的内容发布、交易、营销等需求，还能让用户体验到浏览、评论、互动、社交、话题、购买、群组等方面的个性需求。

　　小云社群合伙人赵健表示，以论坛形式形成的社区和网站可以通过小程序这一方式过渡到微信上，并且继续保留积累下的用户和沉淀的内容。社群小程序还会使运营者有更多的方式打造良好的交互，以提高用户之间的交流，进而吸引用户。

第11章

小程序推广渠道及陷阱

11.1 付费广告渠道

一件产品在开发出来之后，要到达用户的手中，中间还有一个发布推广的过程。其中有一个常见的渠道，就是做付费广告，这种付费广告包含的内容又比较多，比较常见的有线上广告、媒体广告、户外广告、社会化广告、BD 联盟、赞助活动等。

推广效果和产品生存状况有着直接的联系，如果一款产品非常好用，但是推广不到位，那么这款产品也不会被更多的人知晓，也显然不能做成功。以广告的形式在各种公众渠道商进行推广，可以最快地被更多的人了解，从而起到很好的推广效果。对于很多企业，尤其是大型企业来说，支付一定的金额能换来产品的快速和广泛推广，未尝不是一件非常划算的交易。

11.1.1 线上广告：搜索引擎、联盟、导航等

线上广告主要是针对线下广告来说，包括各种户外、互联网等新媒体，线上广告十分注重品牌形象的建设、品牌价值的灌输和筑造品牌推崇度。这些内容需要长时间积累，因此也注定了线上广告属于中长期回报。线上广告主要包括搜索渠道、联盟广告、导航广告、超级广告平台、T 类展示广告这五大类。

搜索渠道就是在各大搜索引擎网站上投入一定的广告，致使小程序能够在用户搜索时出现在靠前的位置。在中国比较常见的如百度、360、搜狗等，以百度为例，内部还有百度品专、百度华表、百度知心、百度阿拉丁、百度关键词、百度网盟、百度 DSP、百度橱窗等内容。饿了么 APP 能够在

外卖行业稳居前三，就是因为前期推广时特别注重搜索引擎，从而得到了更多用户的关注。但是这个渠道的量极大，对于关键词的竞价操作也有很大的难度，如果能够有专业的团队专门管理这方面的内容，效果还是不错的。

联盟广告通常就是指网络广告联盟，集中中小网络媒体资源，通过联盟平台帮助广告主实现广告投放，并对广告投放数据进行监测统计，广告主则按照网络广告的实际效果向联盟的会员支付一定的费用。通常所见的联盟广告有百度网盟、搜狗网盟、360 网盟、谷歌网盟等，联盟广告非常便宜，推出的效果属于一般水平。

导航广告就是将浏览器的导航区域转换成网络广告平台，并且可以动态地对浏览器导航栏进行技术控制，比较常见的导航广告有 hao123、360 导航、搜狗导航、2345 导航、UC 导航等，如图 11-1 所示为搜狗导航广告。导航广告用户量也比较大，虽然导航效果比较好，但要是想挑个好位置，需要支付的费用就更高。

图 11-1　搜狗搜索的导航广告

超级广告平台在现在也是一种主流的付费推广渠道，最主要的包括腾讯广点通、新浪粉丝通、新浪扶翼、今日头条、百度移动 sem、陌陌、网易有道等。这一类的超级广告平台总体来说，用户基数比较大，活跃度也非常高，通过精准投放能够带来一定的流量。但是缺点也非常明显，成本不稳定、优化难度也比较高，可能在每一个渠道投放的时候都不太一样。

展示广告就是一种按每千次展示计费的图片形式广告，包括以 banner（即广告条）、视频广告（有的把视频划到富媒体广告）等内容，通常以 CPM(千次展现)、CPT(时间包断)为主要计费方式。T 类展示广告是其中的又一分支，常见的 T 类展示广告有腾讯网、新浪、网易、凤凰等。这类网站可以明显地看出有非常大的用户群,因此在这类平台上投放广告价格是比较昂贵的,而推广的效果则要根据具体情况而定。

11.1.2 媒体广告:电视、报纸、杂志、广播等

媒体广告就是指在传统的四大媒体上所做的广告,根据四大媒体形成了四种媒体广告形式:电视广告、报纸广告、杂志广告、广播广告等。互联网的普及使得新媒体广告得到肆意的生长,媒体广告的地位受到了很大的冲击,和之前相比优势正在逐渐下降。

电视广告就是在电视媒体上播放的广告,播放形式可以是硬性植入,也可以是访谈式、独家赞助等。相对来说,电视广告的成本比较高,尤其是一些收视率较好的频道。不同情况的用户基础也会导致不同的推广效果,一般情况下,做电视广告的都是有一定基础的企业。

报纸广告即在各大报纸上打出广告,比较常见的有《人民日报》、《南方周末》、《南方都市报》等。一般来说,报纸能覆盖住主流人群,针对性比较强,可以产生一定的品牌效益。杂志广告和报纸广告一样,覆盖的人群都是一定的,但这种广告的影响力正在逐渐下降。

广播的特点在于以声音为传播媒介进行传播,优点是覆盖面广,人们随时、随地都可以接收信息。缺点是转瞬即逝,由于没有文字及图像造成人们记忆度低,只能按顺序收听等。近年随着互联网的兴起曾一度处于衰落的境地。但现如今已经出现与互联网技术相结合的网络广播,且有进一步发展壮大之势。此外,近年来随着私家车大量进入家庭,车载广播迅速发展,并成为广播行业浓墨重彩的一笔。

但是在通常情况下,每一种媒体广告都存在一定的优缺点,而将两种或者两种以上的媒体结合起来,不仅能够节省费用,还能够使广告发挥出最大的优势。虽然传统媒体的广告效益正在下降,但是如果有一个比较好的营销策略也能够获得良好的推广效果。韩后之前凭借着在《南方周末》

上打出的"张太太体"火了一时，虽然在当时掀起一阵争议，但不可否认的是，韩后靠此赚足了眼球。这证明只要有一个良好的策略，传统媒体照样能够发挥出不错的效果。

小程序虽然属于互联网时代的产物，也可以借用传统媒体的力量来进行宣传。比如，对于一款小产品的广告，可以在电视、报纸、广播上各投放一次，这样的效果会比只用同一个媒体接触的用户多，效果自然也就比一种媒体好。

11.1.3 户外广告：分众、地铁、公交、火车站等

户外广告就是那些出现在户外的广告，包括分众广告、地铁广告、公交广告、火车站等，户外广告有一个很大的特点就是人流比较大，流动性比较强，因此在一些特殊的户外场所做相应的广告，能够带来非常好的效果。

分众广告包括电梯、显示屏等广告，这些广告曝光度比较强，虽然比较"烧钱"，但是如果投入的广告符合场景，也能带来非常好的效果。以电梯为例，人们在等电梯或者乘坐电梯的时候，不长不短的时间往往让人很尴尬，如果这时候有一些广告，则必然会吸引用户的目光。根据电梯场景具有一定的社交关系，社区类小程序以及电商类小程序非常适合投放在这里。

地铁和公交场景都具有流动性比较大的人群，它们可以利用周边线路来做广告。比如一款做教育培训类的小程序可以在学校附近的公交站或者地铁站做广告，因为教育类的受众群体就是学校学生，而连接学生和学校的无非就是中间的路线。所以只要在学校附近的周边路线投入一定的广告，就能够起到事半功倍的效果。

除此之外，还有一些火车站、飞机场等场景，对于这些场景可以先考虑用户的需求，用户经过漫长的旅途，此时可能最需要的就是好好休息一下，或者用户是急于去某个地方，因此这一类场景可以投放一些酒店预定

和机票预定类的小程序。这些场景的曝光率极高，并且拥有很好的分众效果，针对性的广告效果自然不会太差。

对于这些户外广告，整体的曝光率都比较高，因此在投放时的费用一般来说也不低，小程序如果想要通过这种方式做宣传，一定要结合自身小程序的特点，然后选择合适的场景才能够达到比较好的推广效果。

11.1.4　社会化广告：微信、微博、社群

社会化广告就是利用社会化的网络以及互联网进行信息传播，从而使得企业的产品被更多的用户了解。常见的社会化广告有微信、微博、社群等途径，中国网民的日益增多，使社会化广告发挥出的作用越来越大。

微信上的广告主要是通过一些公众大号、朋友圈、微信深度合作等方式来投放广告。一些微信公众号拥有着可观的粉丝数量，如果在上面投放小程序的相关广告，也能有一个不错的推广效果。

一些微博大号、粉丝通、话题榜在微博上拥有庞大的粉丝群，如果以他们的身份发出一条有创意的推荐性的广告，绝对会收到很好的效果。关于这一点可以想一下薛之谦，像这种段子手能够把广告打得受粉丝喜爱，也算是非常成功了，如果能够借助这类比较火的段子手的力量来给小程序做广告，效果自然不错。甚至一些微博大号的直接推荐，都能获得一个很好的效果。但是可想而知，越是有名的大号，需要的费用也就越高。

各种社群因为聚集着大量的用户群，因此在这个里面投放广告，也会有一个很好的推广效果。但是小程序如果想借助社群来投放广告，需要擦亮眼睛，这一方面的水比较深，投放广告还需要谨慎。

11.1.5　BD 联盟：协会、校园、同业、异业、媒体等

BD（Business Development）联盟就是指两种以及两种以上的组织实现

资源交换，常见的 BD 联盟有协会、校园、同业、异业、媒体等，通过几种组织的联盟，产品能够集中几个方面的优势进行营销宣传。

协会联盟就是指各类协会的联盟，小程序产品通过这个途径能够搭上官方关系，利用官方关系进行产品宣传，影响力比较大。

校园联盟是指校园中的学生会以及各类协会，和校园联盟搞好关系，对于产品进行地推有着非常大的作用。

同业联盟广告就是小程序可以和同类型的产品进行联合做广告，由于有着共同的服务，所以在做广告的时候可能会更加方便。异业联盟广告正好与同业联盟相反，是需要不同类型的企业相配合，利用互补性，达成想要的效果。

媒体联盟，顾名思义就是利用媒体之间进行联盟，然后产品通过联盟来做广告，比如网络和报纸的结盟，电视和网络的结盟等，这样的话，很明显产品会有不同的传播渠道，传播的效果自然会比单个媒体好。

对于 BD 联盟来说，在投放广告的时候渠道更加宽广，产品能够更好地进行传播，而且还能利用到某些内容的知名度吸引用户的注意，可以帮助产品快速地提高知名度，进而起到一个不错的推广效果。

11.1.6　赞助活动：赛事、演唱会等

赞助活动就是指企业给各种有用户关注的活动资金赞助，在赞助的过程中投放自己产品的广告。一般来说，赞助活动比较常见的有赛事和演唱会两种。一些重大的赛事或者演唱会往往会吸引到非常庞大的用户群关注，因此能够带来一个非常好的推广效果。

在一些比较重大的赛事上观众往往会看到一些知名的企业，对于体育赛事来说，通常会有运动饮料、牛奶、运动装备品牌等方面企业的赞助，因为这种赞助方式比较容易植入，而且不会让观众觉得突兀。因此，小程

序产品在利用赛事赞助活动时，也要根据自己产品特点进行选择，并不是所有的赛事都可以赞助，除了考虑经费外，还要考虑是否和自己的产品相协调。一些名人的演唱会能够带来外界广泛的关注，尤其是一些比较知名的歌星，他们拥有大量的粉丝，如果能够赞助他们的演唱会，无疑可以快速地打造品牌知名度。

但是无论是赛事还是演唱会的赞助，都需要花费大量的资金，尤其是那些比较重大的赛事和知名歌星的演唱会，对于企业来说都是一个不菲的赞助，所有往往只有那些比较大的企业才能够赞助那些比较火热的活动，提高自己的品牌知名度。而对于一般的企业来说，这无疑是一个比较大的压力，对于小程序来说，综合考虑，赞助一些比较小的活动往往比较合适，可以取得区域性的用户关注。

11.2　自媒体渠道

自媒体的传播渠道有两种：官方渠道和社群渠道，官方渠道是可以进行冷启动，从内容方面来进行营销，比如从图片、视频、文字等方式来阐述企业和产品特点，利用官方微博、微信发出进行直接推广，并利用各种营销活动来吸引眼球。

社群渠道通常使用软营销的形式，很多大企业都喜欢用这种方式来进行营销，比如苹果、三星在新的产品上线前，会制造各种热点活动。在很多论坛突然讨论起苹果的新品，其实这种行为并不是自发的，里面有大量的"水军"在引导着话题，从而引发社群内部许多人的关注。

自媒体对于企业来说可进可攻，官方渠道能够帮助企业树立良好的形象，社群渠道能够帮助企业有针对性地对相关用户进行宣传推广，引发潜在用户的关注。

11.2.1　官方渠道：新闻自媒体、视频自媒体、SEO、公众号

官方渠道包括新闻自媒体、视频自媒体、SEO、公众号等方面，官方渠道一般都是比较有权威的，想要有一个好的推广效果，需要官方媒体能够吸引到大量的粉丝，这就考验了官方渠道的运作能力。

虎嗅、百度百家、今日头条、网易、搜狐、新浪自媒体等都属于新闻自媒体，这些自媒体需要做冷启动，在这个时期如何吸引种子用户，把用户量提升上去才是比较重要的内容。视频自媒体就是在优酷、土豆、搜狐、新浪等视频中上传官方制作的视频，这也需要找到种子用户，进行冷启动。

SEO（Search Engine Optimization）就是指搜索引擎优化，通过对站内各方面的优化，从而优化关键词，提高站内产品搜索，像是一些官网排名、百科、知道、贴吧等都属于 SEO，如果企业比较有能力，可以组建专业的团队，在站内、新闻源、知道等各个地方做排名，但是需要了解搜索体系的规则。

公众号也属于企业官方媒体，比如在微信公众号中，把服务号当成产品去做，明白用户的需求，紧抓用户需求。订阅号作为传播产品的一个渠道，给用户普及更多的信息需求。

可以明显地看出，如果要通过官方渠道进行宣传，一般来说都是需要冷启动，要在获得种子用户后，再进行扩展，从而获得更多的粉丝群。所以，对于官方渠道来说，最重要的是要有大量的粉丝，才能有一个良好的推广效果。

小程序在做官方媒体的时候，最重要的还是做内容，先通过各种途径获得一批种子用户，然后把内容的质量提高上去，才能逐渐地吸引到粉丝。但是内容质量的提高需要有创意，还要有特点，对于小程序来说，开辟出

一个官方渠道做自媒体，还是有一定难度的。

11.2.2　社群渠道：综合、垂直、社交

社群渠道是通过在各种社群中进行产品营销，但是一般都是以软营销的方式出现在用户面前。社群渠道包括综合性社群、垂直性社群、社交性社群三种方式，不同的产品可以根据自身的产品特色进行针对性的传播。

综合性社群有人人网、豆瓣、知乎、天涯、QQ 空间等，这些社群有一个明显的特征就是包容性，各方面的内容都具备。拿天涯论坛来说，里面的内容有娱乐八卦、文学、经济、国际、旅游等各个方面，可以根据产品的不同特色选择不同的板块进行宣传。而且知乎的权重很高，用户的信服度会比较高，QQ 空间拥有大量的用户群，传播效果比较好。在国外曾经有过一个帖子来讲述自己在吃了大量的小熊软糖之后的反应。这篇帖子图文并茂，非常有趣，在一段时间内急速促进了小熊软糖的销量。

垂直性社群是一些针对性比较强的社群，像携程旅游、汽车之家、搜房、安居客、辣妈帮等社群都属于垂直社群，垂直社群里的用户质量往往比较高，非常具有营销价值，但是对于营销这种方式比较排斥，如果想在这类社群中进行营销，一定要对内容进行优化，不露出营销的痕迹。

平常用户比较常见的微信群、QQ 群、豆瓣小组等都是属于社交群，这些社群具有很强的社交性，因此非常容易找到目标用户，但是这些社群对于广告也是非常排斥。如果想要通过这种方式进行推广，可以先和楼主搞好关系。

在社群渠道的推广通常以软营销的形式，因为社群内部具有很强的目的性，用户不愿意被广告打扰。但是若以软营销的方式使用户接受，就能够很容易获得目标用户。小程序利用这种途径做推广的时候一定要注意植入的方式不能过硬，一个有吸引力的话题往往能吸引到用户。

11.3 口碑渠道

口碑传播是一种非正式的人际传播，但是在市场上口碑传播拥有非常大的控制力。口碑渠道常见的有名人渠道、媒体渠道、粉丝渠道等。影响口碑的关键之处在于内容和把关人，如果内容比较有意思就会吸引到用户群的关注，而如果把关人具有较大的影响力，也能带来较大范围的传播。

11.3.1 名人渠道：明星名人、专业人士、意见领袖

名人渠道主要是通过一些名人进行传播，包括明星名人、专业人士、意见领袖等，名人渠道利用的就是"名人效应"，名人的出现往往能够带来强化事物、扩大影响的效果。用户往往愿意模仿或相信名人的行为，利用"名人效应"可以有效地带动人群。

明星名人往往具有很强大的粉丝群，今天有许多广告正是看中这一点而专门来请名人来做。像是一些大型的游戏、电视广告等各个方面到处都充斥着名人的身影。在挑选名人做广告时，在名人的形象和气质上要选择和自己产品相符合的。名人在做完广告后最好要经过主流媒体的宣传，这样才能把效果发挥得更好。但是请明星名人来做广告，往往需要一笔很大的费用，只有一些比较大的企业才有这个能力，对于一些创业期的产品来说得不偿失。

专业人士是指掌握着某一领域或行业专门知识的人。由于用户对这些专业人士比较信赖，往往会促进对某个产品的推广。比如，某个医疗健康类的知名专家如果向用户推荐某一种保健产品，用户往往会比较信服，这件产品往往也能得到极大的推广。

意见领袖是指那些网络红人、博主、作家、学者等，人们往往会比较相信这部分人的意见，而且通过这些人在网络上的软推销，能够带来很好

的效果。网络红人顾爷曾有过一个被评为神级的文案，叫作《梵高为何自杀》，这篇文章是给支付宝做的广告，文章先是从各个方面来分析梵高自杀的原因，最后归结为当时没有支付宝。这篇微博在短时间内就有了上万的转发率，如图 11-2 所示。这些意见领袖有一定的影响力，而且使用喜闻乐见的形式进行传播，因此具有良好的用户转化率。

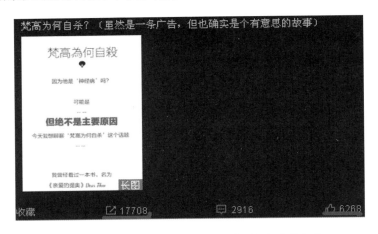

图 11-2　微博红人的软性广告得到比较大的转发量

整体来说，名人渠道都是借助名人效应进行推广，但是一般情况下，这种渠道的推广需要付出不菲的价格，这对于许多小的企业和公司来说，无疑是比较困难的。小程序产品在进行广告推广时，一定要根据自己的实际情况，考虑清楚自己的产品是否适合名人渠道传播。

11.3.2　媒体渠道：独立记者、知名媒体

媒体渠道就是利用媒体的力量达到推广的目的，在网络时代媒体发挥着重要的导航作用，媒体在很多人看来也极具公信力和口碑。媒体渠道主要包括独立记者和知名媒体两个方面，如果一件产品通过一个独立记者的报道或者是一些知名媒体的报道，往往会引起很大的轰动。

独立记者是指在各大媒体中比较有名的记者，这些记者因为一些成功

性的报道有一定的知名度，人们对他们普遍比较信服。如果一款小程序产品能够让某位记者站在专业角度，写一篇针对小程序产品的报道，那么这篇文章绝对会得到用户普遍的关注，而使这款小程序被更多人认识。当然如果小程序自媒体发出的内容比较有意思，并且获得了比较好的评价，这个时候再把这些内容发到媒体上，借助媒体的力量，扩大影响力，效果会更好。

像南方周末、人民日报等都属于知名媒体，但是这些知名媒体报道的内容一般都是比较官方的，企业很难获得这些媒体的报道。但是如果企业能够策划一起比较大的活动，并且能够引起一些话题性讨论，就能够让这些主流媒体进行报道。但是对于小程序来说，为了达到推广目的，创办一个比较大的活动，如果没有一定的基础也是比较困难的。

媒体渠道和名人渠道一样，依赖的都是知名度，所以对于小程序来说，选择一个拥有好口碑的媒体比较重要，同时还需要注意对方是否有"黑历史"，如果有不好的历史，也会影响用户对产品的评价。

11.3.3　粉丝渠道：官方、社群、个人

粉丝渠道就是在粉丝群内部进行口碑传播，利用粉丝的力量进行"病毒式"传播。在互联网时代，人人都是口碑的媒介，在广大的粉丝群里进行推广，再经过各个粉丝进行推广，推广效果就能像滚雪球一样逐渐壮大。粉丝渠道主要有官方、社群、个人三种。

官方粉丝群就是指在官方贴吧、社区、公众号、博客等官方媒体上拥有的粉丝群。尤其是对于那些有知名度的产品来说，官方的粉丝群也会更加庞大，并且权威性更高。对于一般的企业来说，维护好粉丝渠道，提升粉丝的活跃度很重要，这就需要企业不定期地举办一些活动或者粉丝见面会等。但是对于小程序来说，拥有官方媒体渠道先需要解决的还是粉丝问题。

社群粉丝是指在豆瓣小组、QQ群、微信群、垂直论坛等社区上拥有的粉丝，对于这一类的粉丝群，往往需要有一些关键人物做引导，从而使更多的用户关注到企业产品上。因此，企业应该和一些关键人物形成良好的合作关系。小程序产品若是在这些社群中拥有自己的粉丝群，不妨去找关键人物对产品特色进行引导性宣传，使其在粉丝内部有一个良好的口碑。

在互联网时代，每个人的力量都不容小觑，把网络上单个的用户集中起来也能够形成一个大的粉丝团体，在网络上更容易达到一传十，十传百，因此不能忽视单个的粉丝力量。比如微信朋友圈，如果一个比较好的内容传播到朋友圈，那么这篇内容会迅速刷爆朋友圈。在去年发生的罗一笑事件，虽然这件事的真相令人大跌眼镜，但是不可否认的是，这篇文章在刷爆了朋友圈之后，又登上了微博热搜，于是才能够引起全国人的关注。

11.4　小程序推广陷阱

微信虽然给小程序开发者提供了很多便利的条件，但是在小程序推广时期，微信有一些硬性的规定，如果触碰到这些规定，小程序就很可能面临被"封杀"的结局。像诱导关注和分享这种行为，在小程序出现之前微信就明确规定不允许，除此之外，小程序利用朋友圈传播外链、淘宝外链、虾米音乐分享外链都是不被允许的，开发者在推广的时候应该格外注意这些陷阱。

11.4.1　诱导关注和分享：封号

对于小程序来说，微信官方不允许小程序对用户进行诱导性的关注或者是分享，对于这种行为，微信给予的最严重的后果是封号处理，因此在进行小程序推广时，应该注意到微信的相关规定，不能违反规定。

小程序出现之前微信就开始打击诱导关注和分享的行为，在朋友圈有一段时间，会有一些谣言、色情、答题类、测试类的内容，用户被标题吸引后想要看到内容，却发现需要提前关注某个公众号或者是先分享到朋友圈。这种行为严重地影响到了用户的正常阅读，因此微信对于这种行为进行了严厉的打击，根据公众号触犯规定的轻重，做出以下处罚：封号30天、拦截链接、删除诱导增加的粉丝、关闭流量主、永久封号等。

小程序作为微信提供的又一服务平台，目的就是更好地满足用户需求，给用户带来更好的体验，那么在推广的时候自然不能打扰到用户。而诱导性行为对于用户来说，其实是属于强制性的，往往会给用户带来不佳的体验。

不仅如此，在每个小程序内部也不能对其他小程序进行推荐，然后诱导用户对其他小程序进行关注。APP之间往往存在着会推关系，甚至在一款APP内部就可以下载其他的APP，这是因为几款APP同属于一个团队的作品，在内部推荐下载可以加强推广效果，以及压缩应用体积。但是对于微信内部来说，往往更容易形成恶性竞争，这种行为在公众号之间也是不被允许的。因此，小程序开发者在进行开发的时候应该格外注意这两个方面，不能对用户进行诱导关注和分享。

11.4.2 朋友圈传播外链：屏蔽、封链接

微信朋友圈因具有强大的社交性，因此信息的传播非常迅速，并且可以收获到大量的点击率。后来越来越多的人从这里面看到了商机，通过朋友圈进行广告宣传或者是骗取点击率、转发量，微信官方对于这种行为一直都是持打击的态度。

相信熟悉微信的朋友在朋友圈中肯定见过这样的链接，如图11-3所示。还有类似于"不转不是中国人"、"转发后一生平安"等内容，先不说这

些链接点开的内容如何，单是这些诱导性的话语，就带有强迫性和恐吓性。如果微信用户觉得一篇内容质量很一般，不想转发，难道就不是中国人了吗？不转发就不会一生平安吗？这种带有胁迫性的话语很容易让用户产生厌烦感。

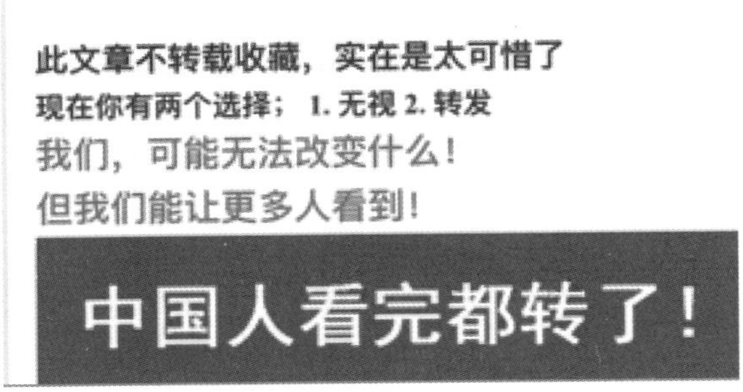

图 11-3　朋友圈诱导用户分享的链接

朋友圈这种外链严重地影响到了用户的体验，因此微信团队对于这些内容进行了清理，一经发现就会停止链接内容在微信内部的传播、停止对IP 地址的访问，短期内封闭微信账号，对于情节严重的或给予封号的处理。

微信团队公开公布了两个坚持的原则：对任何有碍于用户体验和骚扰到用户的外部链接，微信都会进行制止；对于各种恶意的营销和分销行为，类似于投票、"积赞"的行为，微信同样会进行严厉打击。

微信对于小程序在内部推广的限制也比较多，不支持小程序通过朋友圈分享，并且不能向用户推送消息。但是如果同一个企业既有公众号又有小程序，那么这二者之间就会有一个关联，用户可以在公众号内部看到企业还有哪些小程序，或者是在小程序内部看到企业还有哪些公众号。虽然不能在朋友圈进行传播，但是可以分享到微信聊天群内，在张小龙看来，小程序在聊天群内还是存在着一个很大的想象空间的。

第12章

探索多元化盈利模式

12.1 小程序项目的盈利模式

相信许多开发者最关心的问题就是小程序项目如何盈利，其实微信小程序的盈利模式并不难，先掌握小程序的应用场景，然后将小程序进行开发，小程序在微信内部就能够获得一个非常好的用户量。所以，找到小程序的应用场景至关重要。根据小程序自身特点，可以预测到小程序的项目盈利模式可能会出现电商模式和 VIP 模式。

12.1.1 电商模式：销售产品或服务盈利

就像阿里巴巴想要在社交上做突破一样，腾讯也一直希望在电商上能够有立足之地，微信公众号的出现并没有对电商造成太大冲击，但是微信小程序似乎又发起了一波冲击。微信小程序可以作为许多电商的入口，向微信内部庞大的用户群销售产品或者服务，从而进行盈利。

微信在之前就已经有了京东这类的电商服务，但是这些服务的加载速度并不迅速，给用户的体验带来一定的影响。但是微信小程序能够实现快速进入页面，并且支持缓存功能和离线使用，即使没有网络用户仍然可以使用一定的功能。在这一点上，可以说为电商类小程序打下了基础。

小程序给电商带来了一些机会，一些在大平台很难有生存空间的电商，可以在微信中获得地位，甚至可以找到适合自己的独特运营模式。传统零售电商也可以在微信小程序中找到出口，把线上和线下打通，并发挥出优势。电商类小程序不仅可以在微信内部销售产品，还可以进行一定的服务进行盈利，基于微信平台庞大的粉丝群就不用担心用户量的问题。

爱范儿开发出了一款电商类微信小程序叫作玩物志，这款小程序可以支持用户直接在内部进行购物，付款时支持微信支付。不同于之前的电商应用，这款电商平台最大的特点是商品具有时尚丰富的特点，用户可以在里面发现各式各样有意思的小玩意儿。如图 12-1 所示，玩物志的主界面上选择的分类比较有特色，满足用户对时尚的好奇心。

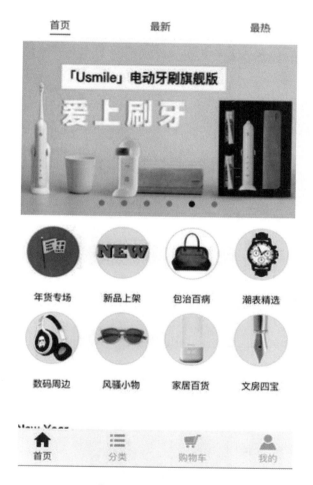

图 12-1　玩物志主界面

对于电商行业具体如何操作好小程序，重点还是要找到自己产品的应用场景，只有正确的应用场景，才会促使小程序朝着正确的方向发展。而且可以确定的是，只有在无数次的积累经验和教训，才能够使电商行业在小程序中发展得更好。

12.1.2 VIP 模式：粉丝使用付费

VIP 模式是现在比较常见的一种盈利模式，小程序在这一方面也是有很大的发展空间。一款服务类的小程序在有了一定的粉丝群之后，可以对这些粉丝进行分类，给予 VIP 服务，只有粉丝付费才能享受一些特殊的服务。

纵观许多 APP 的成长之路，几乎是从之前的完全免费，然后到有了一定的粉丝用户之后，就开始提供 VIP 服务，只有 VIP 用户才有机会享受一些服务。比如一些视频应用，爱奇艺、腾讯等每一个视频应用都有自己独特的 VIP 服务，一些视频只允许 VIP 用户观看。虽然说 VIP 模式只是视频播放软件盈利方式的一种，但是拥有几亿的用户粉丝，其中的会员费用也不会低。

还有一款阅读类的 APP 掌阅，也是使用很明显的 VIP 模式，用户可以免费阅读里面很多图书，但是对于一些火爆的或者新品，通常只允许会员阅读，或者会员在阅读时有一定的优惠，而普通会员只能阅读一定的章节，这种方式使有强烈阅读愿望的用户开通了会员。

而从爱奇艺以及掌阅开通会员的方式上可以看出，用户成为会员的方式比较简单，就是缴纳一定的费用，可以包月、包年，或者单个月地购买，用户购买的时间越长，成为会员每个月的平均费用就越低。

微信小程序在利用使用 VIP 模式盈利时不妨采用这种方式，但是前提是这款小程序受到许多用户的喜爱，像掌阅和爱奇艺都有几亿的用户量，因此小程序如何把服务和内容质量提高上去，吸引到一定的用户群是关键。

小程序在有了用户基础之后，就可以推出一些只有会员才能享受到的服务，这个服务要和普通用户的服务有一定的差别，这样才会对用户形成吸引力。当然，小程序不能把全部内容都变为会员服务，强制性地使用户成为会员的行为，只会使用户逃离小程序。

12.2　小程序生成平台三大盈利模式

小程序作为一个新生事物，想要获得"第一桶金"，还需要把小程序开发出来，有人认准了通过第三方服务来进行盈利，因此小程序生成了一些平台，像是青雀应用、即速应用等，这些生成平台也有自己独特的盈利模式，比较常见的有使用收费、增值收费、定制化收费以及其他业务收费。

12.2.1　最直接的盈利模式：使用收费

使用收费是一种最直接的盈利模式，在刚开始阶段一般使用这种盈利模式，小程序生成平台在目前来看还处于人无我有的阶段，可以使用这种盈利模式。对于生成平台来说，这种盈利模式最直接、更容易管理。

即速应用是深圳市咫尺网络科技开发有限公司开发的一个小程序生成平台，于 2016 年 3 月内测，4 月正式上线。创业公司通过即速应用平台可以快速简单地生成 WebApp（小程序属于 WebApp）。

截至 2016 年 5 月，咫尺网络团队拥有 25 人的精简规模，大部分为技术人员。其创始人陈俊梁来自百度，曾负责百度导航多个核心模块的开发，可以说是一个资深工程师。罗海飞是另一个联合创始人，曾经创建了"步步高"中小学生辅导机构和"卡茜"微商创业平台，商务运营经验比较丰富。

咫尺网络旗下还有另外一款产品——咫尺微页，咫尺微页是一个 HTML5 制作工具。截至 2016 年 6 月，咫尺微页的 PV（用户浏览量）超过 300 万，UV（独立访客数）在 200 万以上，企业用户超过 60 万。

尽管咫尺微页的发展态势良好，但是咫尺网络似乎更加重视即速应用的开发。罗海飞表示："HTML5 虽然发展迅猛，但竞争非常大，竞品也进入到一个泛滥状态。对此，咫尺网络业务产品进行更新升级，推出了即速应用。但这两个产品的用户都可以相互进行导流。"

小程序开发还属于一个"蓝海"市场，在这种机遇下，即速应用致力于满足零基础用户到小程序开发者的需求，帮助个人和企业实现自己的创业梦想。与此同时，借助于微信巨头，小程序开发或将形成新的商业生态。

通过使用即速应用平台，不懂代码编写的用户也能轻易做成一个小程序。因为用户只要把需要的组件拖到对应的面板里，页面布局、字体和颜色设定、链接跳转等就完成了。除了基础的功能模块，即速应用还提供了多种玩法，包括电商支付功能、社交娱乐功能、数据统计功能、个人中心等组件。

即速应用对未来的设想不仅仅是一个小程序制作工具，它的目标更远大。罗海飞说："我们目前希望能够将产品更具智能化、模块化，未来试图去打造一个拥有众多开发者、设计者的企业级应用服务平台。"

在盈利模式方面，即速应用主要采用的是使用收费模式，即按 API 的调用次数收取费用。这种方式比较直接，即速应用在收费的时候也更容易进行管理。但是生成平台一旦不具有独特性，就需要改变策略，把使用收费转换成其他方式的收费，小程序生成平台应该看到这一点。

12.2.2 最主流的盈利模式：增值收费

小程序生成平台在开始的时候还能通过使用收费盈利，但是一旦平台竞争越发激烈，这种盈利模式就不再可行。因此，小程序生成平台不能通过使用收费持续盈利，而增值收费模式则是一种可持续盈利的模式。

简单来说，增值收费模式是指用户可以免费或者低价使用企业提供的产品或服务，但是想要获得增值服务，就需要付费。对小程序生成平台来说，增值服务大致就是提供去掉平台方 logo 的权力、提供 CDN（内容分发网络）加速功能等。通过提供增值服务收费是用户普遍接受的方式和最主流的盈利方式之一。

增值服务必须建立在主营业务的基础上实现。在互联网时代，奇虎 360 是增值收费模式做得最好的公司，它将安全免费服务与其他服务独立运营，使其相互促进，保证用户享受安全免费服务的同时可以完全不受到广告等其他营利性增值服务的影响。在独立运营的基础上，360 浏览器、360 安全桌面等平台通过用户共享建立了搜索广告、游戏分成等较为成熟的互联网盈利方式。

可以说，通过免费获取用户，通过增值服务收费是奇虎 360 在互联网行业异军突起的根本原因。通过奇虎 360 增值收费模式的分析，我们得出了增值收费模式适用市场的三点特征，内容如图 12-2 所示。

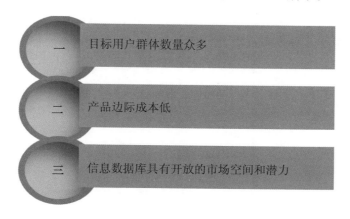

图 12-2　增值收费模式适用市场的三点特征

如果你发现所在市场满足以上三点特征，那么你的企业就可以使用这种盈利模式，即通过免费平台吸引用户，然后以后期加载增值服务获取利润。比如，咨询行业的知识中介机构可以为企业提供免费的服务，但是专业数据以及数据系统等就可以向企业收费。

与软件应用市场类似，增值收费的盈利模式也非常适合小程序生成平台。下面我们以即速应用为例，看小程序生成平台如何使用这种盈利模式。

在未来，即速应用更希望通过提供增值服务收费，包括企业专属服务、客服服务、培训服务等。表 12-1 为急速应用未来使用的增值服务收费模式。

表 12-1　即速应用的增值服务

版本信息		个人体验版	企业体验版	企业基础版	企业高级版
服务类型	服务内容	免费	免费	999 元 / 季度	3599 元 / 半年
品牌展示	去技术支持	全价	全价	免费	免费
	自定义 logo	全价	全价	免费	免费
	自定义域名	全价	全价	免费	免费
小程序保障	数据空间	100M	100M	500M	无限制
	CDN 加速	无	无	有	有
小程序制作个数	小程序制作个数	5	5	20	100
小程序页面数量	小程序页面数量	60	60	100	150
功能服务	基础功能	有	有	有	有
	高级功能	——	——	——	——

按上表

数据统计分析	用户量统计分析	有	有	有	有
	用户管理	有	有	有	有
	应用数据 与对象管理	有	有	有	有
	应用数据对象	有	有	有	有
	公众号管理	有	有	有	有
企业专属	商品买卖	无	无	有	有
	子账号管理	无	5	20	50
客服服务	专属客服服务	无	无	无	无
	专属技术支持	无	无	无	有
培训	年会沙龙	无	无	无	有
	线下上门培训	无	无	无	有
	基础教程培训	无	无	有	有
	高级定制培训	无	无	无	有
	线上直播培训	无	无	无	有

2016 年 5 月 12 日，即速应用宣布获得千万级天使轮融资，投资方为无极道投资、广东天使汇 、蓝烯资本。据即速应用团队说，此轮融资资金将会用在平台开发以及团队建设上。

由 360 安全卫士以及即速应用的案例可以看到增值收费模式所具有的

215

强大生命力。采用增值收费的盈利模式需要满足三个要求，内容如图 12-3 所示。

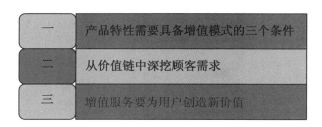

一	产品特性需要具备增值模式的三个条件
二	从价值链中深挖顾客需求
三	增值服务要为用户创造新价值

图 12-3　增值收费的盈利模式需要满足的三个要求

首先，产品特性需要满足增值模式的条件。通过分析产品特性，一定要确保产品和服务满足三个条件，即目标用户数量足够多、增值空间足够大以及能够有效绑定用户。比如，APP、小程序等互联网产品基本上都满足这三个条件。

其次，从价值链中深挖顾客需求。实施增值收费模式的企业要敢于打破常规，以用户的需求为中心研发增值服务项目。既然小程序生成平台是一个适用增值收费模式的行业，那么相关平台就应当考虑小程序开发者在开发过程中遇到的各种难题。如果你提供的增值服务可以让开发者做出的小程序界面更美观，用户体验更流畅，那么开发者就会愿意花钱购买你的增值服务。

最后，增值服务要为用户创造新价值。增值收费模式的最终目的是为用户提供系列产品或整个问题的解决方案，所以企业需要整合资源，打开后续市场。增值服务创造的新价值可以弥补产品和服务的成本。只要新价值足够大，即使产品与服务完全免费也能赢利。

从互联网诞生以来，"免费"与"盈利"始终不能两全。而增值服务作为两者之间的桥梁，自然受到了众人的关注。作为移动互联网的产品之一，期待小程序生成平台将这种盈利模式应用到极致。

12.2.3　最赚钱的盈利模式：定制化收费

定制化收费就是大家通常所说的外包，刚开始大家并不愿意做定制化收费，但是当大平台的运营遇到一定的问题，盈利受到阻碍时，这种方式就被越来越多的人接受。定制化收费拥有的客户量最多，是最赚钱的方式之一。

定制化收费分为两种，一种是针对个体的定制化，就是很单纯地做个体外包项目，这种项目会有大量的客户，因此非常赚钱。但是这种定制化项目需要平台调用大量人员进行跟进服务，比较费心。另一种是全案，就是按照年度进行制作，比如，百度一年做了几个定制化，包括前期的策划、技术制作和后期维护等工作就是一整套的服务。这种模式的盈利水平特别高，但是门槛也比较高，它需要技术方面的全套服务，平台必须具备策划、美术、技术、推广等方面的专业技能。

关于定制化，APP 做出了一些比较好的例子。APP 定制化就是用户向 APP 开发商提出自己的要求，量身定制出一款 APP。由于开发出一款 APP 需要开发团队经过一系列的复杂工作，花费时间比较长，付出的精力也比较多，因此，很多企业都会选择花钱定制 APP。

定制 APP 有一个显著的优势就是针对性比较强，无论是应用的类型、功能、服务等，开发商都需要按照用户的要求去制作，能够为企业量身定做。而且，定制化开发的费用也比较合理，一些专业的 APP 开发公司对于收费都是按照一定的标准，而如果 APP 出现了任何的问题，都可以和开发商进行沟通进行解决。

从 APP 的定制化中可以看出，很多企业还是愿意接受定制化服务的，因此，小程序生成平台使用定制化盈利模式还是能够获得大量的客户，只要小程序生成平台按照客户的要求进行量身定制，就能够有一个非常好的收益模式。

12.2.4　免费模式：使用免费，其他业务收费

小程序生成平台虽然可以形成使用收费、增值收费和定制化收费三种，但是在后期随着竞争的加大，这些以盈利模式为主的生成平台可能就会逐渐丧失优势，而如果这个时候以免费的模式向客户提供服务，那么可想而知，一定会具有非常大的竞争力。

虽然说是免费的模式，但是生成平台要生存，就必须获取一定的盈利。因此，小程序生成平台可以按照使用免费、其他业务收费的模式来盈利。

奇虎360盈利模式非常多，除了增值收费外，还有一些业务收费。在360浏览器中会有许多的广告，这是一项广告盈利。在360安全卫士里面还有一个装机必备，在软件排行榜中，每个软件都是需要竞价来获取排名，这又是一项盈利。

小程序生成平台当然也可以像奇虎一样，在使用上是完全免费的，但有多种方式盈利。广告是网站一种比较普遍的盈利模式，只要给一些特定的网站、服务或者是其他产品做广告，然后就能获得盈利收入。对于小程序生成平台来说，不妨为相关的小程序创建广告。这种方式是一种比较简单的盈利模式，当然前提还是要有大量的受众。

除此之外，生成平台还可以利用第三方素材商店进行盈利，虽然客户在使用的时候是免费的，但是对于一些具有独特性的素材需要支付一定的费用，如果这些素材足够吸引人，也可以为生成平台带来盈利。

小程序在开发完成后，后期推广也是一个非常重要的方面，而对于很多企业来说，推广是一件比较头疼的事情。因此生成平台可以专注于小程序的推广，为小程序推广提供一定的服务，相信必然会吸引到一定的用户。

12.3　小程序开发者服务盈利模式

小程序可以带给许多创业者一些机会去开发一个爆款小程序，或者是生成一些平台，还可以给开发者提供一定的服务，针对开发者进行盈利，比如向开发者提供社区、一定的开发工具、沙龙或者孵化器等。

12.3.1　组建开发者社区

小程序的出现促使一些第三方服务诞生，这些平台通过为小程序开发者提供一定的服务，组织开发者社区是比较常见的一种形式。组建开发者社区就是为一些开发者提供了一些集中场所，有利于开发者之间的交流。目前，开发者社区仍然处于前期发展阶段。

在小程序开发者社区上，青雀论坛属于国内第一家平台，也是其中比较优秀的代表。青雀论坛是由白鹭时代联合创始人张翔创立，在这个社区中，小程序创业者可以享受到最基础的技术服务设施，而且还为开发者提供了教程讲座、开发文档、源码分享等方面的服务，通过吸引许多小程序开发者和第三方形成了社群。

如图 12-4 所示，开发者不仅可以在社区中获得基础的教程、一些经验分享，还可以对一些相关问题进行提问谈论，并且在内部还有一些关于小程序的最新资讯，这对于一个没有基础的开发者来说，可以掌握很多的技巧，少走一些弯路。

最新主题　　编辑推荐

1　微信放大招！小程序"附近"功　2017-03-
2　新手 微信小程序问题.求大神指　2017-03-
3　微信小程序-小点名　　　　　　2017-03-
4　Canvas 基础绘制之时间截转化为　2017-03-
5　新人　　　　　　　　　　　　　2017-03-
6　开发工具beta版发布公告：　　　2017-03-
7　微信小程序做的大气预报　　　　2017-03-
8　精品微信小程序 - 电影推荐　　　2017-03-

 基础教程　　 经验分享　　▶️ Demo 源码

📷今日: 36 ▏昨日: 66 ▏帖子: 18138 ▏会员: 11849 ▏欢迎新会员: a7423357

微信小程序开发　　　　　　　　　　　　　分区版主: 说说说谁,

💬 小程序开发问答 (5)
主题: 239, 帖数: 1186
最后发表: 昨天 09:16

📄 demo源码下载 (17)
主题: 283, 帖数: 1万
最后发表: 20 分钟前

💬 微信
主题
最后

☁️ 开发教程 (4)
主题: 271, 帖数: 1908
最后发表: 2 小时前

💬 活动专区 (4)
主题: 20, 帖数: 223
最后发表: 2017-2-21 17:14

🕐 小程
链接

图 12-4　青雀论坛提供的开发者社区

开发者社区把很多小程序开发者集中了起来，由于开发者具备一定规模，这个社区也会逐渐扩大，通过向开发者提供比较全面的服务，吸引到许多开发者，从而促进这个平台的盈利。这些社区的盈利无非就是靠广告、一些特殊资源。培训或者是导出流量，只要社区形成一定的规模，这些都是可以实现的。

但是开发者社区仍然是一种新生技术，很多大公司还没有开始布局，小程序的内容并不是很高，原创性内容更少，在质量上还有待提高，这些内容就要靠核心开发者在后期进行努力。

12.3.2 提供小程序开发工具

对于开发者来说，开发工具是尤为重要的一项，于是有些人看到开发者对于这一方面的需求，向小程序提供开发工具，一些免费的开发工具在吸引到一定用户之后，会向用户推出一些收费服务或者是高级定制服务。

在小程序还在进行内测，外界对小程序还处于观望态度的时候，白鹭时代就在一周之内上线了一款 IDE（Integrated Development Environment）Egret Wing 3.2，这是一款集成开发环境，白鹭时代用此来表示支持微信小程序的开发。

白鹭时代认为以后的互联网模式将会发生重要的改变，可能是"不超过 20 个超级 APP + 无数个 WebApp"的组合模式，也就是说在未来会有一些巨头 APP 占据着主要市场，而其他的则是由 WebApp 组成，而这些 WebApp 就是微信小程序。因此，白鹭时代才会快速地推出微信小程序的第三方开发工具。

其实微信也推出了自己的开发者工具，白鹭时代的开发者工具并不会与此形成冲突，因为微信提供的开发者工具多是标准化的工具，而且很明显开发者工具并不会是微信的接下来的重点工作，因此白鹭时代不担心竞争不过微信。所以，白鹭时代把对小程序的重心放在了有价值的第三方服务上。

白鹭时代推出的 Wing 是唯一一款支持实时预览功能的 IDE，即使是微信官方也没有实现实时预览的功能，而是要在编译后才能预览。Wing 还可以创建相关项目和 page 模板，运行项目后，开发者会发现，它的预览界面和微信官方的开发者工具十分相似。

白鹭时代创始人张翔表示，会在后期提供多个第三方开发工具，并推出相应的课程，并且表示开发者工具是支持免费使用的，但盈利模式在未来会推出一些收费服务，包括一些高级定制的服务。

12.3.3 组织媒体 & 沙龙活动

媒体都具有很强的敏锐性，这样才能在第一时间发现看点。但是对于小程序，做出实际行动的媒体还是太少，而产生的第三方平台更是比较稀缺。但还是可以看出媒体在这个方面的组织或者是第三方平台的沙龙活动，也是一个具有潜力的形式。

自小程序出现以后，很多媒体选择观望的态度，只有少数的媒体进行过研究报道，尤其是在小程序内测时期，比较多的报道小程序的媒体有小道消息、今日资本、虎嗅、爱范儿等，尤其是小道消息。

小道消息是由丁香园技术负责人冯大辉运营，除此之外，他还运营了一个将近 40 万粉丝的微博账号。微信公众号小道消息的订阅用户已经过 10 万，关注度高于一些专业的媒体或者明星，而冯大辉的秘诀在于发出不一样的声音。小道消息迅速地抓住小程序这一话题，发表出一些文章，比如像"微信应用号来了"、"如何把握微信小程序这一波红利"，那些爆篇文章能获得过百万的阅读量和数万的新粉丝，令人十分震惊，也给其他媒体做了一个良好的示范。

之前已经谈过白鹭时代做了一个青雀论坛，这个论坛可以给小程序开发者提供交流的社区，还提供一些开发者工具。不仅如此，小程序推出一系列的小程序全国巡回沙龙，在沙龙活动中，有很多嘉宾进行现场讨论，提出自己对小程序的解读，以及和台下观众一起沟通关于小程序开发方面的问题。

白鹭时代组织的沙龙活动已经和很多合作伙伴进行了接洽，而每次沙龙活动也是非常火爆。除了白鹭时代外，技术提供商野狗也看到了这一商机，正在小程序方面做一些尝试。

12.3.4　进行小程序员培训

从移动开发到订阅号的开发，再到 HTML5 开发，这些新事物的诞生都有这样一个过程：先出现产品，再出现爆款，再接着出现职位需求，进而出现职位培训。沿着这个发展路线，小程序也将出现培训。

微信小程序给许多创业者提供了更低的创业门槛，还提供了更多的便利条件，这会使得更多的人或企业投身于小程序创业上。但是对于大多数人来说，即使微信小程序提供了很多技术支持，在进行开发的时候还是会遇到一些难题，他们急需有技术的人对他们进行相关指导，培训机构可以抓住这个红利。

对于小程序的培训工作不单是一些培训机构能够抓住这一红利，程序员也可以进行培训，小程序虽然是一个新生事物，但是在技术上和 APP 相比，已经简单很多，个人可以完成对小程序的培训工作。

培训团队可以开一些短期培训，对一些没有思路的开发者进行专门的培训，根据培训的实际情况还可以进行团体培训或者是一对一培训。白鹭时代成立了开发者俱乐部，还有一些平台像馒头商学院、极客学院等也有自己的开发者平台，经常会举办一些培训活动。

由于小程序整体开发工作要比 APP 简单很多，所以对于培训团队来说，培训周期是比较短的，培训机构可以对更多的培训者进行开发培训，这个盈利周期就比 APP 的周期快很多。

培训工作是对于小程序开发者提供帮助最直接的方式，而且尤其是培训周期不会很长，但是指导性很强，可以预料到许多创业者愿意接受培训，程序员或者是培训团队要知道这种盈利模式。

小程序作为一种新生事物，给许多人提供了想象的空间，关于微信小程序的盈利模式也众说纷纭，微信小程序究竟能够发展如何，将会产生怎样的影响，将会给相关人员带来什么样的效益，这些都是需要小程序在经过长期实践之后才能给出的答案。

内 容 简 介

本书介绍了微信小程序产生的目的、条件、特征、产品、形态、应用范围等基础知识，还对小程序开发前的资源准备、具体开发流程等做了详细介绍，此外还介绍了如何更好地对微信小程序进行推广，以及小程序的几种盈利模式，让读者对小程序有一个更加全面的了解，帮助小程序开发者做出一款爆款小程序。

本书旨在通过对微信小程序各方面知识的介绍，使读者对小程序的基础知识有一个更加清楚的了解。通过对小程序开发过程的详细介绍，帮助读者抓住小程序的定位和用户痛点，帮助开发者做出一款更有市场的小程序。通过对盈利模式的介绍，使读者抓住小程序带来的各种红利。

图书在版编目（CIP）数据

应用生态：教你打造微信小程序爆款 / 李伟光著 . —北京：
中国铁道出版社 , 2017.9
ISBN 978-7-113-23358-7

Ⅰ . ①应… Ⅱ . ①李… Ⅲ . ①移动终端 - 应用程序 - 程序设计
Ⅳ . ① TN929.53

中国版本图书馆 CIP 数据核字（2017）第 156676 号

书　　名：应用生态：教你打造微信小程序爆款

书　　名：应用生态：教你打造微信小程序爆款
作　　者：李伟光　著

责任编辑：吕　芟	读者热线：010-63560056
责任印制：赵星辰	封面设计：MXK DESIGN STUDIO

出版发行：中国铁道出版社（北京市西城区右安门西街 8 号　　邮政编码：100054）
印　　刷：北京铭成印刷有限公司
版　　次：2017 年 9 月第 1 版　　　　2017 年 9 月第 1 次印刷
开　　本：700 mm×1 000 mm　1/16　印张：14.75　字数：197 千
书　　号：ISBN 978-7-113-23358-7
定　　价：49.80 元